中国近代伦理学文献丛刊

李义天 张远航◎主编

第四部分·第八册

中央编译出版社
Central Compilation & Translation Press

出版说明

《中国近代伦理学文献丛刊》共计收录中国近现代伦理学文献三十二种，分作四辑，每辑所收文献按当时出版时序排列。本次整理，皆按底本影印，以存文献版本旧貌。底本原文或有舛错，本次整理未予订正，如《伦理学》（斯宾挪莎著，伍光建译）第一册第十一题目录作“神或本质原为无限属性所备造而成者而每一个属性则是发表永恒及无限然则神或本质要素者是必然有者”，但正文却为“神或本质原为无限属性所备造而成者而每一个属性则是发表永恒及无限然不神或本质要素者是必然有者”，虽神与不神仅一字之差，但意迥然不同；又如日本元良勇次郎著《伦理学》第二十四章目录作“纳税兵役之义务”，而正文却为“国家伦理　纳税与兵役之义务”，差异明显。此外，底本皆为繁体中文，本次整理，唯前言、目录及书眉等整理文字，为适宜今人阅读，皆作简体中文。特此说明。

前　言

李义天

中国有着悠久的伦理文化传统与伦理思想传统。自先秦、经汉唐、至明清，前人先贤围绕善恶、是非、义利、廉耻等问题展开的讨论及其形成的知识成果，为我们留下了丰厚的文化遗产与思想资源。在这个意义上，作为一门学问的伦理学，在中华学术谱系中始终存在。然而，作为一门学科的伦理学，对于中国学术来说，却是一件近代以来才发生的事情。

学问的确立可以是学者个人的成就，但学科的确立却与学术制度的转型、学术形态的自觉，以及学术背景的更替密切相关。这些方面都必须在近代中国社会的语境中得到理解。具体而言：

其一，作为一门学科的伦理学，奠基于近代教育制度和教育体系的发展。正是在近代教育制度和教育体系（尤其是大学教育体系）的“学科化”进程中，细密的学科划分逐渐形成，清晰的学科意识逐渐确立。由此，学者对知识的探讨，不再意味着单纯的研究，而是建制上的学科建设。对近代中国学人而言，“伦理学”概念的出现以及学科的形成，正是近代中国在文明碰撞之间吸纳、改造近代教育体系及其学术制度的现实产物。

其二，作为一门学科的伦理学，不仅需要具备专门的研究题材与研究方法，更要有针对这些题材与方法的自觉总结和反思。因此，仅仅探讨有关善恶的问题、论证关乎善恶的要求，或许能够形成伦理学学问的主要框架，但不足以构成伦理学学科的完整内容。作为学科的伦理学，还必须在探讨和论证具体命题的基础上，对其背后的理由与方法加以提炼与批判。要做到这一点，则必须梳理、评析已有的观点与路径。在这个意义上，近代中国学人对伦理学方法论和伦理学思想史的研究自觉，乃是这门学科在近代中国初步成型的必要条件。

其三，作为一门学科的伦理学，无论是涉及教育体系与知识门类的“学科化”，还是涉及研究方法与思想历程的“自觉化”，都必须置于中国与世界交往的近代语境中来理解。在“作为学问的伦理学”向“作为学科的伦理学”的转变过程中，近代中国学人对西方伦理史籍的大规模翻译、对当时国外学界新近文献（尤其是思想史著作）的批评性介绍，以及他们立足本土而展开的系统阐释与重构，无疑是最重要的内在动力。这些动力及其带来的转变，恰恰是在近代中国的特定历史背景下，作为一系列近代事件而发生的。

因此，要理解作为一门学科的伦理学在中国的起步与发展，就必须对近代中国伦理学的理论实践加以关注。其中，最为基础的一项工作便是对当时研究和译介的基本文献进行搜集、整理与汇编。可以说，只有做好这项工作，我们才能印证中国伦理学学科所具有的近代性质，才能描述中国传统伦理思想向现代人文学科范式的转变过程，才能理解过去一百五十年间中国伦理学发展的曲折与波动，也才能帮助我们在此基础上推进当代中国伦理学的学术研究与学科建设。作为历史资料，这些近代文献对于直面历史、正视历史并希望能从历史中汲取经验的每一位伦理学人来说，都是无法忽视和规避的。

基于上述考虑，我们从二十世纪上半叶的相关文献材料中，择取了三十余部作品，分作四辑，每辑依其出版年序加以汇编整理。根据题材类型，它们大致被分为四类：

（一）史籍类。主要包括近代中国学人对西方伦理思想若干重要文献的翻译作品。它们可以映射出，当时的中国伦理学人在面向西方伦理思想时所采取的关注视角与选择范围。

（二）史论类。主要包括当时具有一定影响的伦理思想史研究著作。就内容主题而言，其中既有关于西方伦理思想史的研究，也有关于中国伦理思想史的研究；就出版类型而言，既有中国学者的原创研究，也有对同时期外国学者的成果译介。它们可以展示出，当时的中国伦理学人所接受的伦理思想史框架及其主要线索。

（三）著述类。主要包括近代中国学人对伦理学基本问题的思考和阐发。其中不仅含有一些导论性、概论性作品，也涉及一些基于特定立场或针对特定领域的研究专著。它们可以反映出，当时的中国伦理学人对伦理学整体或其分支的基本判断和理解深度。

（四）讲稿类。主要包括当时使用的若干伦理学讲义或教材。同样地，这一部分也是既包括中国学者或教育者的作品，也包括当时翻译过来作为教材或教学资料使用的文本。它们可以体现出，当时的中国伦理学学科教育所涉及的大致范围和程度。

值得特别强调的是，作为近代中国的思想文献，其在内容和表述上不可避免地存在这样或那样的历史局限。如今看来，其中有些说法和论证并不恰当甚或错误。但是，这也恰好体现了伦理学作为一门人文学科所无法摆脱的历史性与经验性，也再次证明了唯物史观关于道德学说在根本上受制于社会发展这一判断的有效性与正确性。因此，基于对历史事实的尊重，我们最大限度地将这些文献循其原貌，汇编成册，影印出版。我们期待，当代学人不仅能够抱着历史的眼光去认真地观察和理解它们，更能抱着历史的眼光去严肃地批判与剖析它们。只有这样，当代中国的伦理学研究才更可能去粗取精、去伪存真，也才更可能自成一体，贯通古今，奔向未来。

壬寅春于清华园

倫理學

序

倫理學是研究人對人㊀相互間正當關係底學問.

人雖然是動物,但決不止僅是動物.人的祖先許是單細胞的阿米巴,許是最醜惡的蟲豸,但既已進化到人類,則畢竟是『人』而不是『獸』.果爾,人對人的正當關係,必須用『人』的標準,而不是『獸』的標準.換句話,這標準必須是『理』而不是『力』.

誠然,在過去幾萬年的人類歷史上似

㊀所謂『人對人』,包含着下列三種:⑴個人對個人,如父對子,夫對婦,一個中國人對一個日本人等等;⑵個人對集團人,如學生對他學校,國民對他國家,一會員對他所屬的會社等等;⑶集團人對集團人,如蘇俄對大不列顛,中國對國際聯盟,一個公司對當地市政府等等.

乎沒有一頁不沾滿了『力』的血痕.何嘗有什麽公理?強權便是公理.上古時代的道德是強有力的酋長,巫覡,祭司,天子們所欽定的——神權的道德.中古封建時代的道德又是君權的道德.近代資本社會又是財權的道德.然而道德雖爲強力所劫持,而一縷的光明依然若斷若續地延縣着.進化底步履非常滯緩.人雖畢竟是人,而仍拖着醜惡獸性的厚重背景.到現在,『獸的標準』還很有力地盤踞着大多數人的心中.大多數人都還想着勢,利,婦人,醇酒,攫富貴功名,擁嬌妻美妾,搾取剩餘價值,槍炮占奪東三省,…………

一般青年人感覺着極度的迷惑,傍徨苦悶;畢竟所謂人對人的正當關係是怎樣?尤其是中國現代青年,處在舊禮教已呈崩裂新秩序尙未建成的過渡時代,眞不知怎樣走纔對.譬如婚姻問題吧,完全依舊道德做——父母之命,媒妁之言,三禮六采,洞房花燭——自然會被新界中人唾罵爲時代落伍.然而新道德的男女關係又怎樣呢?自由戀愛嗎?伴婚嗎?家庭廢止,兒童公育嗎?第一,實際社會上還行不通;第二,本人也沒有一意孤行的勇氣;第三,自然又受那班保守派——老是佔最大多數——的頑固反對.於是乎不得已只好泄泄沓沓搔首踟躕地走那非驢非馬的混合門徑,新新舊舊七七八八地絕不自然地夾在一起,——鄉下討個舊老婆,都市裏來一下摩登女子——其結果是:終身佩帶着不可名的隱痛與無限的垢恥!這是『士』階級底代表.

講到現代『大夫』階級的道德吧,且引最近王造時君的一段話:——

『從前中國的政治雖然是腐敗,但是還有舊道德,舊倫理,舊禮教,爲之限制.到了現在,舊的東西都被西洋來的潮流衝得粉粹,而新的道德紀律又沒有成立.於是自私自利,專制橫暴;更加盡形畢露了.軍閥官僚的反復無常,朝秦暮楚,掠奪財產,喪權辱國,鬻官賣缺,引用私人,收入中飽,賄賂公行,欺善怕惡,吹牛拍馬,壓迫人民,強奸輿論,舉世間所謂是非,所謂廉恥,所謂公德,都一齊不顧.於是變成一個城狐社鼠,鬼魅魍魎的世界』.㊁

士大夫階級的公德私德如此,庶人階級的倫理不消說還遠在雷公龍王式的神權迷信之下.這是全中國道德現象的診斷書.

然而處在萬惡環境下的我們,未嘗不能清楚確實地判斷:官僚腐敗是不道德;青年墮落是不道德;民衆愚蠢是不道德.誰使我們有這清楚確實的判斷?這便表明『人

㊁見王造時:由眞命天子到流氓皇帝一文(新月三卷十一期).

的標準』固仍屹然存在,人的境域未盡被『獸』完全佔領.這就是道德光明若斷若續底一縷.倫理學底研究是在幫助我們把捉這一縷的光明.

西洋思想界自古希臘柏拉圖(Platon),中經康德(Kant).而至現代的拿托普(Paul Natorp),無不着眼於倫理學的優先性(The priority of ethics).人生的關係:(1)對物(學問),(2)對人(道德),(3)對超物(藝術),雖似鼎足三分,㊂但整個的人生却不是個正三角,乃是一個直角的三角(如後圖ABCD).而AC的倫理線則居中軸的地位而保持全面積的均衡.因爲在人對人的關係(AC)中,每牽連到人對物(AB)的關係,如富人(A)布施財物(B)給窮人(C)敎師(A)指導學生(C)做學問工夫(B)

㊂參考拙著人生哲學(民二十,世界),尤其是序言第四頁.

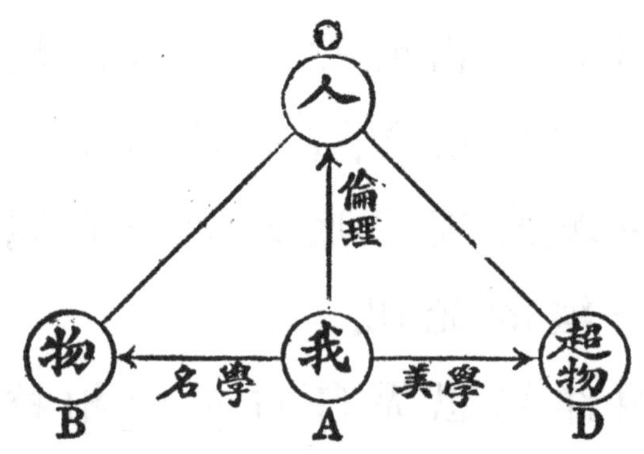

等等.又人對超物（美及神聖）的關係（AD）亦以人對人的關係（AC）爲依歸.『純粹之美育所以陶養吾人之感情,使有高尙純潔之習慣而使人我之見,利己損人之思念以漸消沮者也』.㈣藝術本身雖不求功利,但其結果與影響則是人格的提高與社會的刷進.宗教如佛教的度人,基督教的博愛,名爲出世（AD）而實救世（AC）,所以AB與AD兩者皆拱衞着AC,而AC亦無時不顧盼着AB與AD（如上圖）.

㈣見蔡子民:以美育代宗教說（新青年三卷六號）.

這就所謂倫理學的優先性.㊄

今世各國中等學校及大學,無不設有倫理學一課.我國向日中學課程內亦原以此爲必修科目.㊅至民十一冬,全國敎育會聯合會決議以人生哲學代倫理學.民十七.國民政府統一後,又以黨義代人生哲學.按去歲部頒高中課程暫行標準,除必修科目外.餘有選修科目十八學分.愚以爲倫理學應儘先列入選修課程,由高二或高三年級

㊄柏拉圖以『善』(The Idea of Good)居理念界的最高位;康德以實踐理性(Praktischen Vernunft)參透本體界;拿托普以『應當』(Sein-sollen)解釋『如是』(Sein);皆表明倫理學的優先性.

㊅那時的敎科書有:服部宇之吉:倫理學敎科書(光緒三十四商務譯行);蔡振:中學修身敎科書(五冊,光緒三十四,商務)陸費逵:倫理學大意講義(宣統二商務);蔡元培:中學修身敎科書(民元,商務)繆文功,中學修身敎科書(民元,中華);而尤以麥鼎華譯日本元良勇次郎的倫理學(光緒二十八廣智書局)爲嚆矢.

學生選讀.且就時代的杌棙與青年的需求而論,卽置倫理學於必修課程中亦實不爲過.

本書卽爲高中二三年生而編製,分量當於三學分.計分六十小段.每段講一小時共六十小時,若每星期授三小時,則一學期（二十星期）可畢.若分作兩學期讀,則上學期講四十小段,下學期講二十小段,或上學期二十小段,下學期四十小段,皆無不可因本書結構原將每二十小段作爲一大段落,計上中下三大段落而成六十小段,以符六十小時三學分之制.但主講者自可準酌各段之難易,試爲通融伸縮於其間.倘蒙將教學結果及本書的缺點開誠披示,俾謀改善,則豈僅編者一人之私幸已也?

謝扶雅

民國二十年冬,廣州,嶺南大學

目　次

高中師範

倫理學

緒論

1. 倫理學在宇宙系統中的位置

倫理學是一種研究道德底學問.道德是文化底一支.文化又是人類改造自然不斷革新底業蹟.㊀我們因了知的活動將自然萬象釐爲科學（Science）;因了情的活動將自

㊀文化底界說,各家不同.我們這裏所下的簡括定義,包含極重要的兩點:⑴文化（Culture）是與自然（Nature）相對立的,其不同處即在兩字語根Cult與Nat之殊異.前者是儀文,裝飾,人爲的;後者是原樸,赤裸裸,天眞的.道德則屬於前者而非後者.質言之,道德是人爲的,不是天成的.⑵文化是改進無已而非一成不變底東西;他是多種多樣,而非千篇一律.文化只是人類對於自然環境底反應.環境因受時間空間的限制,處處及刻刻變化,即文化亦必隨之而變.道德亦決不能例外.

然素材演爲藝術（Art）；因了意的活動將自然衝動範爲道德（Morality）．倫理學所要研究的題材雖是道德，而倫理學本身卻是科學不是道德．科學是概念，道德是行爲：截然兩事，不容混同．㊁

科學因事實判斷（Factual-judgement）與價值判斷（Value-judgement）㊂之不同，而劃爲兩大類．依據事實判斷者稱做敍述科學（Descriptive sciences），物理，化學，天文，地理，生物學，心理學等等屬之．這類科學皆是客觀底忠實描寫：一是一，二是二，不加主觀之可否或好惡．反之，依據價值判斷者叫做規範科學（Normative sciences）：乃是主觀對於客觀

㊁德人泡爾生（F. Paulsen）說：『道德哲學不能使人爲高士，爲君子，爲神聖，亦猶美學之不能使人爲大詩人及彫刻繪畫音樂諸名工也』．見蔡元培譯：倫理學原理（商務）頁二十．

㊂事實判斷與價值判斷之區別，可參考R. B. Perry: General Theory of Value(1926, Longmans)p. 1—4.

底評價,是先經假定一最高理想（卽規範Norm)爲前提,夠得上這前提時,叫『對』,叫『好』.㊃這類科學,主要者有三種:(1)論理學,是在闡明眞或僞(True or false)底價值;㊄(2)美學,是在闡明美或醜(Beautiful or ugly)底價值;(3)卽倫理學,是在闡明善或惡(Good or bad)又稱『是或非』(Right or wrong)底價值.這樣,倫理學在宇宙系統中的位置得列爲下表:

- 宇宙
  - 自然
  - 文化
    - (知)科學
      - 敍述科學(事實)
      - 規範科學(價值)
        - 論理學(Logic) 科學之學
        - 美學(Aesthetics) 藝術之學
        - 倫理學(Ethics) 道德之學
    - (情)藝術
    - (意)道德

2　倫理學與他種相似的學問　倫理學在英文叫做 Ethics, 由希臘文 εθος

㊃廣東方言叫做『啱』.啱者,合也,恰好也.

㊄眞是價值,僞亦是一種價值.前者稱積極價值,後者稱消極價值.善惡美醜,仿此.

一字而來. εθος 有品性和風習底意思,故倫理學亦可稱爲品行學(The science of conduct). 所謂品行者,專指在道德上有關係的行爲,而非泛言一切行爲:這是倫理學和心理學分歧之點.心理學㊅是將人類的行爲實事求是地敍述下來,加以整理分類與說明.倫理學是要將人類的行爲從道德價值的觀點施以探究.所以心理學可以說是人類行爲的敍述科學,而倫理學則是人類行爲的規範科學.原料雖同,做法各異.又所謂道德行爲者,不外乎我們對於別人,有關係的舉動.以杖叩道周之石礫,不算道德行爲;以杖擊路人之頭顱,便是對於別人有關係的舉動了.因此 Ethics 一語譯作『倫理』,尙無不合.倫,輩也.㊆从人从侖.侖者,參差不齊

㊅這裏所說的心理學,自然指現代科學的心理學,卽傾向於行爲派的心理學,不是古老式的專以心靈爲題材的心理學.

㊆見許愼:說文解字.

之意.所以『倫』字可訓爲人生相互間各種關係.㈧但倫理學非即人生哲學.㈨人生哲學是研究人生底眞相和理想.㈩倫理學雖在人生理想底一部分上和人生哲學交觸;但人生哲學上的人生理想是泛論人和物的正當關係(眞),人和人的正當關係(善),人和超自然的正當關係(美與聖);而以研究人生相互關係爲職志底倫理學,其人生理想是專論『最高善』底標準.所以兩者範圍既有廣狹之不同,程度亦有深泛之各異.又倫理學底題材雖是道德,但

㈧蔣夢麟說:『我們講到倫理,就是講和人相交的道理.聚許多個人結合成一個社會,這社會的問題是十分複雜,所以我們和人相交的景況也是十分複雜』;見其杜威之倫理學一文,載新教育雜誌一卷三號.

㈨胡適認倫理學卽人生哲學,見其中國哲學史大綱(商務)頁二及頁百十七.李石岑人生哲學(商務)頁六以下亦可參考.

㈩參考拙著人生哲學(世界)導論.

倫理學亦非道德哲學.⑪其不同點卽在於一是『哲學』,一只是『學』.學是對於現象底考查,哲學則進一步作本原底探討與批判.所以倫理學所注重者是道德行爲的現象;而道德哲學所尋求者乃是道德的根本問題.這樣,道德哲學是純粹理論的,倫理學卻以實用爲歸.這兩者之比,恰猶社會學與社會哲學之比,物理學與『後物理學』(Metaphysics,意譯爲形上學或玄學)之比.惟倫理學雖傾向於實用,卻亦大異於初中或小學所讀的公民道德.公民道德只是一束訓條,直接吩咐我們做這個,勿做那個應當這樣,不應當那樣.有點『民可使由,不可使知』那種神氣.質言之,公民道德不是『學』,而倫理學是『學』.學卽含有『知』的活動.⑫公民道德教訓我們要誠信,不欺

⑪張東蓀認倫理學卽道德哲學,見其道德哲學(中華)頁十七.

人,不自欺.倫理學則要追問爲什麽我們應當誠信不欺?『欺』何以是惡?『信』何以是善?所以公民道德不妨認爲倫理學底初階,而道德哲學又是倫理學底奧室.這三者雖不無互相觸涉處,但各有其本身的領域及重心,固毫不容混同.可用簡圖表示其關係如次:

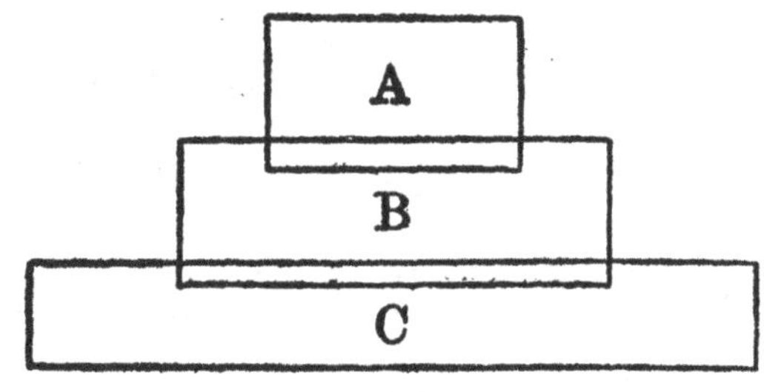

A……道德哲學

B……倫理學

C……公民道德

3. 倫理學之任務與方法 如上圖所示,倫理學恰居中段.平心而論,中段聯上接下,比任何地位皆爲重要.因爲上層的道德哲學是屬乎純知,而下層的公民道德是

---

⑬『學』即英文之 Science,與德文之 Wissenschaft. Wissenschaft 直譯是『知的器具』. Science 出自拉丁語之 Scio Scire,皆是『知識』之意.

屬乎純行;倫理學則爲知行融貫的學問.以言難易,自然純知最難.㉓以言輕重,則空知與盲行,皆非所貴,而知行貫通最爲重要.我們旣不可拘梏於日用習俗之下而不事反省,亦不可逍遙於物我人世之外而不顧實踐.行必質諸知,知必履諸行.這就是倫理學獨特的功用.就知而言謂之學,就行而言謂之術.所以倫理學亦是學亦是術.泡爾生(F. Paulsen1846－1908)也就以爲倫理學在研究人生行爲之價値,以指示吾人處世之正道.㉔上一句卽是『學』之事,下一句便是『術』之事.但泡爾生似側重實踐方面,把『淸理觀念』看作手段,『指示行爲』看作目的.㉕所以他贈送倫理學一個榮號,叫做『完全的衞生術』:是綜合醫術,政治術,

㉓參考孫文學說一書,內闡發『知難』之義甚多.

㉔見蔡元培譯本:倫理學原理頁一.

㉕杜威(J Dawey)語.他以爲學問之任務有兩方面:一,淸理觀念;二,指示行爲.

教育術,商工業術之大成,而爲吾人所資以達其完全的生活者.[十五]好似論理學(或稱名學)是諸學之學(The science of science)一樣,倫理學直是諸術之術.我們雖不能說:凡學過倫理學的人,在其立身處世上,一定都頭頭是道,完全康健而無瑕疵.但至少倫理學可以幫助我們在道德行爲上加增反復思省的能力:我何以應做這件事?何以不應做那件事?這件事何以是善?那件事何以是惡?做是自覺的去做,不做也是自覺的不去做,決定不是糊裏糊塗的.蘇格拉底(Socrates 470—399 B.C.)說得好:不經審查過的生活是不值得生活的.

大凡研究一個問題,可從三方面進行:(一)是什麼(What)?(二)爲什麼(Why)?(三)怎麼樣(How)?我們的倫理學,也可照這步驟著手探討:

[十五]見蔡譯本頁二.

（一）是什麽? 這個行爲是善嗎?還是惡呢?教員對小學生施體罰,應當嗎?或不應當呢?考試犯夾帶而除名,公平嗎?或不公平呢?搶劫富翁不義的錢財以賙濟貧苦顛連無告,值得獎譽嗎?或不值得呢?對於這一類倫理問題的探究,就是道德判斷論.

（二）爲什麽? 如果甲行爲是善,乙行爲是惡,我們忍不住要進一步推究爲什麽甲行爲是善而非惡?爲什麽乙行爲是惡而非善?這『爲什麽』三字,就逼出道德的最高理想（規範）來.因爲甲合此理想,所以是善;因爲乙背此理想,所以是惡.對於這最高理想的研究,就是至善論,或最高目的論.

（三）怎麽樣? 如果我們的最高理想已十分清楚,正鵠既懸,必求所以致之之道.所以第三步勢必探討怎樣可以到達那個目的?應當怎樣修養,怎樣砥礪品性,纔可成爲完人?這是義務及德論.

本書便卽準此程序，分作三部逐次討論。

第一篇　道德判斷論

第一章　道德判斷底對象

4　道德行爲底性質　上面說過:倫理學所要研究的是在道德上有關係的人類行爲.只有這種道德行爲,纔可加以道德判斷.道德行爲有下列三特點:

(1)人格的　『洪水橫流,氾濫於天下』,淹斃許多人命,破壞許多事物.但洪水不負道德的責任,因爲它不是人格的.狂犬嚙人,我們雖可叫它惡狗.但不是道德的惡.反之,勤於守護主的狗,我們雖稱贊它叫做義犬忠犬,但不是道德的善.小孩弄火而致家屋焚燬,瘋人舞刀而致鄰友殞命,皆不能加以道德評價,因爲小孩尚未成人,瘋人則人格分裂;醉人及病人亦仿此.他們的行爲,皆不能認作屬於道德範圍內事.惟有從健全的人格所發動出來的行爲纔算道德行爲.

(2)自擇的　道德行爲必須出乎本人自覺的發動,而不是無意識的動作,有明瞭的願望及目的而自主地決定這樣做去,絕非懵懂恍惚,或受外力強迫不由得不這樣做.質言之,所謂道德行爲是完全出於本心的自擇.這點便是道德上負責任的根本.我們日常許多行爲都是生理的反射作用,筋肉自動的伸縮作用,不經審度思量,隨便發生出來:這些完全出於無意的行爲,實皆與道德無關.㊀嚴格說來,終要經過一番審擇

㊀人們有許多已經養成了的習慣行爲,成爲筋肉自動,好像機器一樣,不經審擇而動作.對於這種行爲,雖在那時已不便認其爲道德行爲.但追溯其習慣之所由成,最初的第一次,第二次,……必經過審擇作用,以後纔養成善良習慣或惡習慣.所以習慣亦應受道

工夫而決意去行的，纔是道德行爲。

⑶有影響於社會的　如果一個人像魯濱生（Robinson Crusoe）那樣獨居絕島，不與社會相通，他的行爲也就無所謂道德或不道德的了。道德行爲必須行爲者和別人發生利害關係，纔能成立。事實上，我們確有若干行爲不一定有影響於社會，故亦無所爲善或惡。譬如我們讀書之餘，往一公園散步，從東北方經馬路走去呢？或從西北方穿過樹林走去呢？兩種行爲，任你做那一種，都和社會沒有影響，卽在道德上不成什麼問題。然假使從樹林走，迂遠得太多，耗費時間，影響自修功課，以致成績低劣，貽父母之憂，隳學校之譽（父母及學校都屬社會的）：這顯然成了不道德的行爲了。嚴密講來，許多行爲，看似直接影響幾乎沒有，而間接的影響往往很大。所以我們一舉一動，必須十

德判斷。這是亞里士多德（Aristotles）的見解。

分審愼.

5. 道德行爲底分析 凡一種道德行爲往往包含極複雜的要素.就行爲底客觀方面來說:第一是行爲者本人底身體動作,第二是由該動作所引起的外物變化,第三是由該變化所波及的各種影響.例如民十四上海五卅慘案中工部局巡捕開槍轟斃羣衆多人底一種行爲:㊁第一是舉槍放射底動作;第二是(1)當場應聲而倒的死亡,(2)羣衆逃奔四散:這可以說是直接的結果;第三是死亡者家庭中的悲象——老母慟其子之遭殃而自殺,弱妻膺所天之遘禍而不幸終身,——以至上海華人羣情憤激而圖反抗,以至廣州六二三沙基大流血等等,都是此槍聲所引起的影響,也可以說是間接的結果.這些結果和影響,有的是行爲者

㊁五卅慘案可參考東方雜誌五卅事件臨時增刊(民國十四年七月)即該誌第三一九號.

本人當時所預期的,有的是初非所料或完全意想不到的.再就行爲底主觀方面來說:第一,行爲者本人心念中『要想這麽做』底傾向或欲求,有時這是很清楚地自覺的,有時是不甚顯明的;第二,行爲者決意這麽做底整個計劃,其中包含(1)目的(2)方法(3)期待(Expectation)三要素.例如漢高祖定天下後,拘留楚王韓信底一種行爲.㊂其動機是怕韓信造反,及想保全他自己的皇位且皇位世襲底欲望.那時漢高的本心全爲虛榮欲,佔有欲,及恐懼本能所佔據.於是他首先把手下第一猛將韓信來翦除;這個計劃中,目的是:在拘傪楚王,方法是:僞遊雲夢,大會諸王於陳,俟楚王來謁,豫具武士縛之,期待是:楚王果然中計被執,及其他功臣皆懾伏等等.所以第一點動機是屬乎情的,第二點計劃是屬乎智的:兩者併合起來,統稱做

㊂可參考通鑑輯覽卷十三或他種中國歷史.

意志.㊃於是我們得將道德行爲分析展列爲表如次:

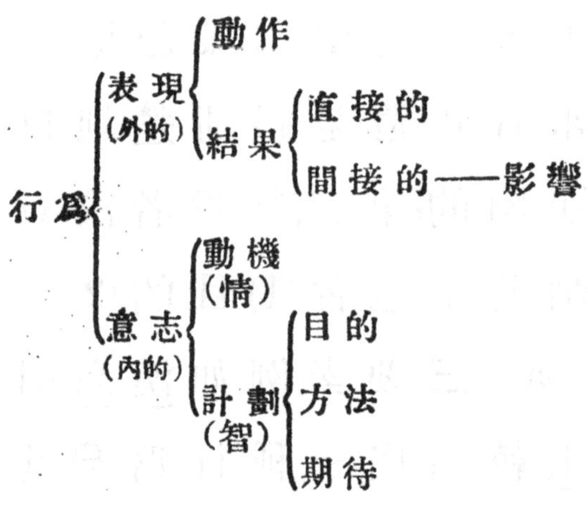

6. 重外乎?重內乎? 我們雖得將行爲分析爲內外兩方面,但實際上,行爲是整個的.一種行爲只是一樁事,只是一個連續渾成的心理歷程.我們若爲滿足純粹的研究慾起見,不妨儘把牠過細分析:某方面是內的,某方面是外的,某原素是情的,某原素是智的等等.但若從道德判斷的立足點,必

㊃可參考王國維譯:心理學概論(H Höffding: Outline of Psychology)第七篇第二章第一節(商務民十五印,八版本,第四三八頁以下).

須拏牠整個做對象,不許割出任何一段來評騭.從前有若干思想家都因誤解了這一點,或只截取外的表現而捨卻其意志,以爲這是全行爲了;或只抽出內的意志來,不問其表現如何,以爲這就是道德判斷的對象了.前一種就所謂『結果派』;後一種就所謂『動機派』.這兩派在東西倫理思想史上都有過熱烈的爭辯.譬如結果派說:『倘有一女子批男子之頰,淸脆有聲,而該男子發出一種愉快的歡笑.這種打人行爲,難道能說是不道德嗎』?可見道德判斷底對象,全在結果方面.動機派卻說:『一個媳婦立意想毒死她的婆婆,乘著她婆婆發大熱病的當兒,煎藥以進,不料一服霍然.我們難道應爲這狠毒的媳婦立賢孝牌坊嗎』?可見道德判斷底對象全不在結果上,必須看行爲者的動機怎樣.這兩派的論據似乎都覺言之成理其實失之毫釐,差以千里.須知第一種的批頰行爲,初看好似打人,其實那個女子何嘗眞心有打那個男子的目的,方法不過玩意兒吧了.根本上既不成立打人行爲,自然不能說它不道德.又第二種的進奉毒藥行爲,誠是不道德,但不能說因其結果反『一服霍然』,所以算作善行.因爲那個偶然的結果是完全出於該媳婦意料之外.

㊄ 一個射手如果眞的扣著矢,引著弓,發手射出,那枝箭除非中途忽遇著一種障礙物,決不會不落在他所欲射的地方的.杜威等說得好:

『一個有意的動作(Voluntary act)是行爲者的性向㊅發現於一種顯而易見的動作上,成一種結果.徒有用意,不發現於事實上,不管它成功不成功,這不是眞用意,就不能算得一個有意的動作.從

㊄參考本書第十一,十二段.

㊅性向卽作者所謂『意志』.

別方面看來,沒有用意的結果,不是自己要的,不是自己選擇的,也不是自己用力得來的;這和有意的動作完全沒有關係.內和外分,外和內離,都沒有道德的性質了.內和外分,就成幻想.外和內離,便是僥倖』.㊆

7. 行爲與品性 上面說過:倫理學是品行之學.『品行』兩字在我國行用極熟.說某人『品行端正』,就表示那個人道德很好,拆開來講,『品』是品性 (Character),『行』卽行爲.品行就是一個人從他品性中所發動的行爲,卽所謂道德行爲.所以道德行爲底平面分析(在舞臺上的),雖有動機,計劃,動作,結果等等,而追究道德行爲底後臺老板,便非推品性不可.品性實是道德行爲底主動者.但品性又是什麽呢?它決不是天生的或上帝寵錫的;質直講來,品性

㊆ Dewey and Tufts: Ethics, p.237,8.

只是人的習慣(Habit).習慣,不消說,是後天逐漸養成的.一次,兩次,三次……的新行爲,積而成老習慣.習慣已成之後,對於順我習慣的事,非常容易去做;逆我習慣的事,非常難做,遂竟不做.這樣,某甲就成爲特具甲種品性的人,某乙就成爲特具乙種品性的人㊇品性不外以前種種行爲的結果,而又爲以後種種行爲的主因,如下圖所示,……c諸行爲鑄成了品性,品性支配d行爲,而d行爲又反過來鞏固品性,e, f, g等亦皆然.品性和行爲既

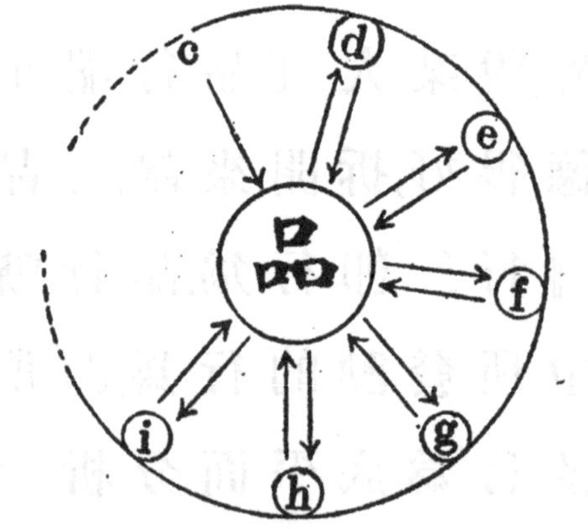

這樣關係密切,因此我們大體可以斷定:好品性一定發出好行爲,壞品性一定發出壞

㊇『品性』的英字"Character"亦可漢譯爲『人物』.可知品性與人物,原來相通.慈善家的出名,由於他具有樂善好施的品性;篤學家的美號,由於他養成了勤學耽讀的習慣.

行爲.通常我們見了某人一種行爲,就可對他品格有所月旦,其根據卽在於此.教育學說上有所謂人格教育者,亦卽依據這條假定,認爲:培養好品格,便可豫期子弟有好行爲,不幸培養了惡品格,子弟便必爲非作惡無疑.然而這不過表示大體的傾向,其實未必一切行爲概被品性所決定.行爲與品性南轅北轍者亦非少數,那時的行爲,有新意志爲政,起而與舊習慣反抗,遂造出一個新局面.那個舊習慣一旦被戰勝以後,漸又養成了另一種新習慣,這是新品性.舊品性與新品性交替的樞機便是倫理學上最重要的主角——自由意志.

8. 意志自由問題 意志果是自由的嗎?抑或不自由呢?這是哲學史上一個老問題.主張前一說的,叫做自由論(Libertarianism).例如孟子所講:『魚,我所欲也,熊掌,亦我所欲也.二者不可得兼,舍魚而取熊掌者也』.㊈ 或魚或熊掌,或生或義,憑我自由取舍,絕不受任何外物指使.主張後一說的,叫做決定論(Determinism).他們說:世事皆有定律,決無偶然.自然鐵則,因果巨網,人類意志,豈能獨外.㊉這兩派的爭論,至今尚成懸案.但上面緒論裏聲明過:本書乃是倫理『學』,不是任何『哲學』,我們只關心現象,可不必追究根本問題.從現象的立足點來看,我們日常行動有所選擇,乃是直接自明的事實.本校開有若干選科,聽我們任意選擇不是嗎?今晚吃一碗粥兩碗飯呢?或一碗半飯兩碗粥呢?看小說呢?或打網球呢?亦不待說,我可以挑選我所最樂願的一種去做.我們且不管意志畢竟自由不自由,而意志有選擇作用與決定作用則爲無可否定

㊈見孟子告子篇上.

㊉參考張君勱等:人生觀之論戰(民十二,泰東乙編諸文,特別是其中唐鉞:心理現象與因果律一篇.

的事實.這樣,我們不妨卽以自擇論（或自決論）暫代舊日的自由論.⑪在倫理學上,自擇論已儘夠做道德的基礎,正不必陷入玄學領域內的意志自由問題.而且我們肯定自擇論,亦與因果律無背.一切意志活動,縱的免不了遺傳（種族的及個人的),横的免不了環境（物質的及社會的）底影響.我們原不能跳出這縱横兩大勢力圈外.但在這範圍中已儘有選擇的餘地尤其是體格愈健強及智慧愈發達的人——他的選擇的路子也愈多.反之,體格不健智識淺乏的人,他的選擇的路子也愈少,甚至於沒有.好比小孩子及野蠻的原人等是絕沒有自擇力的.病狂癲醉的人也是一樣.他們因缺乏自擇作用,故亦無道德行爲之可言.這

⑪參照拙著人生哲學（民二十,世界）第三十五段.又張東蓀主張更替論（Alternativism),亦與本書自擇論名異實同,見其唯用派哲學之自由論一文.載入新哲學論叢內（民十八,商務）頁二一八.

樣,文化與道德遂成爲正比例;在愈開化的人類,其道德意識及道德責任感亦必愈發達可知.

9. **動機與計劃** 道德行爲底原動力是意志,而意志底原動力又是動機.動機是倫理學上的術語,通俗叫做本心或心地.人心的基地不外乎一束本能(Instinct),如愛,怒,怕,好羣等等.這些東西原不過是人生的欲求,無所謂善或惡,不成爲道德判斷底對象.『飲食男女,人之大欲存焉』.食的欲求與性的欲求,本身原是『非道德的』(Non-moral).㊃因爲這都是普遍的平等的傾向.至於特殊的傾向——卽欲求本身與所欲的對象發生關係時——便接觸了道德領域的疆界,而有程度高下的不同.好色與

㊃『非道德的』(Non-moral)是一個中立性的名詞,它旣不是『道德的』(Moral),亦不是『不道德的』(Immoral).

好德,兩種動機底基蒂,皆不外乎一個『好』.但後一種動機比前一種動機高尙.愛己與愛國,兩種動機底基蒂,皆不外乎一個『愛』.但後一種動機比前一種動機高尙.愛國與愛世界,又皆同出乎『愛』,而後一種動機更比前一種高尙.人之所欲,千頭萬緒,故常互相衝突,交戰於胸.在品性好的人,低動機常被高動機所制伏;而在品性壞的人,高動機常被低動機所壓倒.所以動機與品性適成正比例,我們通常評判人,說某甲存心很壞,無異說他品性極壞;反之,說某乙存心甚好,無異贊他品性甚好.動機派所以注重動機爲道德判斷底對象者以此.

然而動機究竟只是一種心念中的傾向,必須更與具體的計劃聯絡起來,纔能判斷它是善是惡.如果不管計劃,只就動機而論,實不易下道德的判斷.例如一個貧苦無依的母親在鄰舍偷了米來哺養她嗷嗷待哺的兒女.我們說:這個偷米行爲是出於愛兒女的動機.但另有一個也是貧窮的母親,她夙興夜寐,辛勤紡織,換得一粥半飯來養活她的兒女.這個偉大的道德行爲也無非出於愛兒女的動機.所以動機儘可一樣,而因計劃之不同,致發生道德天淵之別.我們請進而討論計劃.

10. 目的與方法 計劃底主要內容是目的和方法.如我們從愛祖國的動機發而爲革命救國的計劃時,救國是目的,革命是方法.愛國近乎情感作用,革命救國近乎理智作用.計劃旣屬於理智的,所以因各人智見的程度而生出各種殊異.甲以革命救國滿足愛國的本心,乙以讀書著述振興民族學術文化滿足他愛國的本心,丙又以海外宣傳解除異族誤會滿足他愛國的本心.不但計劃對動機爲多與一之比,卽方法對目的亦爲[illegible]與一之比.同一目的而因見解之各殊,生出方法之相差,甚或枘鑿.如上段貧母一例,養育兒女是她的目的,但可以用勤苦工作的方法,亦可以拙下至竟用竊盜的方法,相差奚啻霄壤.這都因爲智力程度不等的緣故.有人說:目的如果正當,手段不妨從權.意思是:我們行使道德判斷,應問目的何如,不必顧及其方法.然而嚴格講來,手段與目的必在同一路線上,斷不容互相矛盾.⑴正當目的必需用正當手段才得達到.反過來說,⑵如所用的手段正當,則其所實現的目的亦必正當.這好比⑴南行必南其轅,與⑵凡南其轅者必達南方的目的地.世上斷沒有南行而可北其轍,或北轍而竟到達南方之理.於是我們可以知道乙母用偷米方法所實現的養兒目的,與甲母用勤工方法所實現的養兒目的,表面上雖似同一目的,實則程度相差甚遠.古人有句話:『道其所道,非吾所謂道也』.我們這裏也可套這口調,說:『乙母之養兒其養兒,非甲母所謂養兒也』.進言之,不但這兩目的相差甚遠,且其結果和影響也就隨而大殊.甲目的底結果是:兒童得長育於賢母之膝下而蒙人格感化的良影響.乙目的底結果是:兒童得長育於劣母之膝下而受品習卑汚的惡影響.所以倫理學上決無枉尺直尋之可言.劫掠富翁的財物,以賙濟貧民,小說上稱他爲俠盜;但從道德的判斷,我們不能看他目的高尚的面上,遂亦贊他手段爲正當.無論如何,劫掠行爲終不爲道德律所許的.

11. 期待與直接影響 目的與方法是計劃底幹部,此外尙有期待(Expectation)亦在計劃之中,和外部事實底直接影響相對應.例如殺死仇敵行爲底計劃,其目的是報仇,其方法是暗刺,而被殺者本人的創痛,與其親屬的驚悲,以及官廳的緝凶等等現象都在行爲者豫想之中,這就所謂期待.期待與目的底不同點:後者是計劃上的終局,是意志的中心題目;前者是計劃上的旁枝,是知識圈內一切可能的映現.如果行爲者的智力愈發達,他的期待也愈周至而精確.反之,在智識缺乏的人,他的期待必多遺漏而舛誤.期待之所以亦應負道德上責任的緣故,可用『明知故犯』一語表之.如上例殺人者豫知官廳之必緝兇(意即本行爲明明是犯法者),而不辭決意下手.殺人者又豫知被殺者家屬之必悲愴(意即本行爲明明損害第三者),而不辭滅此朝食以爲快.如果他智力極有限,不能豫料本行爲將有這麼多這麼重大的影響,倒也罷了.如果他計劃極悤悤,不遑豫料本行爲底一切影響,也就算了.㊉然在受過高等教育,或世情老練,深謀遠慮的人,當他計劃一件事的

㊉清律:本夫捉姦當場殺死姦夫和姦婦在牀上,直可免罪.其根據卽在此.

時候，必有無數期待相伴而生，於是他的道德責任也愈重大。所謂『春秋責備賢者』之義，或即在此。但於此有一問題爲我們萬不容忽略者，即是：世事錯綜，環境萬變，往往有行爲者所期待的卻並不實現，而所不期待的反發生出來。這種出乎意料之外的結果，道德上又怎樣判斷呢？

12. 意料不到的結果 人事界的因果系統比自然界的因果系統更要複雜萬分。人既不是全知全能的上帝，自不能燭照無遺。意外結果底存在，並非得謂宇宙中因果律有錯亂顚倒；只因因果系統呈交錯叢雜之極致，畢竟爲時空所限的人智所不逮。這種處所，便合於古所謂『天也！命也』底慨嘆。⑭道德行爲既爲審愼決定而後實行

⑭『天』並非指有意志有人格的上帝，『命』亦非指司運命的神，皆祇是表示一種機緣，參照拙著人生哲學（民二十世界）第三十六段，及拙著宗教哲學（民十七，青年協會書局）頁 236 以下。

的動作,則在智慮無所施其技的圈外,自不能課以道德的責任.『君子不立於巖牆之下』.送死在頹垣斷壁之前,可以避而不避,這種由忽略而生的意外結果,我們卻不能加以寬恕.但如日本文學家廚川白村避暑於鎌倉,偶遭地震海嘯而淹死,這就完全出乎意料之外而非道德範圍內事了.意料不到的惡結果所以不應有道德的負擔,正如意料不到的好結果亦不應邀道德的榮獎㊄又所謂智慮無所施其技云云,其中『智慮』一字,原是程度問題,勢必因人而殊.鄉下老太婆渾樸敦厚,上城時,看見街旁一哀呼的乞丐,不禁施給他幾個錢.原來城市中的滑頭乞丐借此騙錢去吸鴉片煙的很多.但這在老太婆完全意料不到的惡結果,忠

㊄晉介之推所謂『貪天之功以爲己祿』者指此.這裏的『天』,正可以『緣』解釋之.介之推認爲重耳的成功是因著緣分好,不是諸臣的直接勞功.

厚的老太婆決不應負道德的責任.但這事若出於世態諳練者所爲,縱他或一時意料不及,然以他那樣智識程度,應該可以豫想得到,而防止那個乞丐繼續騙錢去滿足惡嗜好.不過一時衝動用事,疏忽未細反省這就我們不能爲之寬恕了.㊉

第二章　道德判斷底主體及其標準

13. 道德意識底性質　上章所講的是道德判斷底對象,即被判斷的客體.既有『被判』,必有『能判』.那麽,這行使道德判斷底主體又是什麽呢?

通常我們對於一件事物底認識,皆取判斷底形式.『這是一本書』,『那是王先生』.判斷必須在意識界內成立.離意識便

㊉但如某種不可抗的惡結果,即使豫料到了,也沒法防止或消滅的,則雖行爲者因疏忽而出意外,也可酌予寬恕.

無判斷.一個人當出神或恍惚顛醉的時候,認不清事物,決不能判別是鹿是馬,是虎是石.㊀判斷底主體既是意識,則道德判斷底主體必須是道德意識 (Moral consciousness)通常稱做『良心』.原來意識是一種複雜的心理活動,不單含有知的作用,也帶有情的要素.我們認知這是一杯冰淇淋,固由於凍,甜,牛乳,雞蛋等一束知覺與分辨力,同時亦賴『很好吃』底一種愉快之情幫同促成『這是冰淇淋』底判斷.道德意識亦然.它兼具『知』『情』兩作用.屬於知者叫做道德知識;屬於情者叫做道德情感.我們

㊀此外還有一種心理狀態叫做純粹經驗(Pure experience);在這時候,經驗者對於其所經驗的事物,只覺其是『如此』(Thatness),卻不辨其是『什麼』(Whatness).這個,杜威在他經驗與自然一書中(J. Dewey: Experience and Nature)稱做『無意義的經驗』(Meaningless experience).清楚的意識界必屬於『有意義的經驗』界.

能辨察這件事應當做,不可不做,那件事不應當做,不可去做,——這是道德知識.對於當做的事發生贊賞或欽佩,對於不當做的事發生非難或憤怒——這是道德情感.不過道德判斷,在研究上雖可分析爲道德情感和道德知識兩方面,實際上兩者交錯會通打成一片,並非分立孤峙,我們對於一種道德行爲,如缺乏道德知識,固無由下道德判斷;如不能惹起道德情感的反應,也就無力下道德判斷.道德情感伴著道德知識同時並作,是非之見,褒貶之情,融於一爐,於是道德意識活潑顯明,於是道德判斷成立.

14. 道德意識底由來 道德意識或良心究竟從那裏來的呢?我國有所謂『天良』一名詞,似乎把良心看作上天所命,並非人類本有.西洋希臘神話中,亦有所謂良心之神 Erinyes 或 Furies 掌司斥逐諸惡.基督教中有天使聖靈之說;人們行一善行,立一善念,皆由聖靈感動而致.這些都是神話的良心來源論(Mythical view),不脫原始人民的素樸觀念.其次是先天的良心來源論(Intuitive view)——這又可分爲兩派:一是先天理性說,一是先天感情說.前者如我國正統的儒家,西洋古代的柏拉圖(Platon429-347B. C.),近世的葛特渥斯(Ralph Cudworth 1617-88),楷特渥特(Henry Calderwood 1831-1897),克拉克(Samuel Clarke 1675-1729)等,大抵認人類皆具一種先天知識的最高作用,卽是理性.理性啓示人們以道德通式,好似數學上的公理——二加二等四,三內角之和等於二直角.後一派如沙夫兹布利(Anthony Earl of Shaftsbury 1671-1713),霍企孫 Francis Hutcheson 1694-1747),盧梭(J. J. Rousseau 1712-78),海爾巴脫(J. F. Herbart 1776-1841)等,皆認良心是先天的官能,人人同具,好比視聽諸覺,不慮而知.我們認識竊賊是惡,誠實是善,猶之食糖而立辨其甘,茹荼而立感其苦,除非是痲痺殘痯.㊀這兩種先天論因太缺乏科學的根據,自然都不足信.又其次有經驗的良心觀(Empirical view),代表者如我國的荀卿王安石一流人,西洋的洛克(John Locke 1632—1704),邊沁(J. Bentham 1748—1842),白恩(Alexander Bain 1818—1903)等.他們皆以爲善惡的辨別由於計較利害趨樂避苦而造成.過去的經驗告訴我們:某行爲必招致痛苦的,於是我們就不敢去做:這是良心底嚆矢.道德意識底基礎是對於苦惡經驗的痛定思痛.良心所贊賞的行爲是由於過去經驗吩咐我們說:這是可以福利自己或大衆的,善不外乎快樂的經驗.這說雖已較前二派近理,但道德意識決非如此淺薄.避苦趨樂的簡單計劃,不足說明良心底

㊀參考張東蓀道德哲學(民二十,中華)第五十三至五十六段.

全部.

15. 進化論的良心觀 道德意識既是一種極複雜的心理,自必有悠久厚重的生物學的與社會學的背景.一般生物必具生存(食)與生殖(性)兩作用.前者是自保衝動的根苗,後者是保羣衝動的基石動物中如蜂蟻等,羣性已十分發達,其保羣衝動常超過自保衝動,而能壓伏它,使受其控制.㊂這實在就是『良心』底原始胚質,良心原不外保羣與自保兩衝動之抑揚摩盪.最初這兩種衝動原都是天然的,不自覺的.就是在有些動物中那種殺身全種的偉大行爲,亦完全起於本能作用,絕非出乎有

㊂食性兩衝動究竟孰強孰弱,原無定準.但性衝動化身爲保種衝動時,食衝動即自保衝動常被屈伏.爲子孫而犧牲自己,是生物界的普通現象.因爲保種可以包含自保,而自保未必能包含保種,所以保種心戰勝了自保心,利羣克制了自私.這是進化的原理使然.可參考達爾文:種原論第四章.

意,所以那時亦尙無道德可言.久而久之,這種犧牲自我而利他的無意行爲漸漸啓化爲有意識的自審的行爲,㈣於是感覺著『利他』與『利己』底對立,而生出『利他』對於『利己』底抑制.這抑制底具體形式,最初表現於酋族社會的政治制裁 (Political control), 旋又加入宗教制裁 (Religious control), 進而又有社會制裁 (Social control), 而皆爲道德制裁底階梯.又人類所以特異於禽獸者,因其獨具強郁的記憶力之故.他可以追念前愆而自怨自艾自惕自新;斯時所謂良心裁判與良心責備㈤緣之而進.一方面自制力旣日益發展,他方面同情心亦日益擴充,遂完成爲極明顯活潑的道德意識.所以道德意識是因人類爲對內對外,依緣著生

㈣參考 H. Spencer: Principles of Ethics, Vol. I. Chap. 12

㈤良心裁判卽是愛羣心(同情心)與自私心底對壘交戰.良心責備卽是自私心一旦壓倒了同情心而又爲同情心反戈攻克底一幕悲劇.

物進化和社會進化交錯而成的結晶品,㊅既不是什麼先天形式,也不一定全是本人的後天經驗.

16. 道德意識底遷變 道德意識既發源於保羣衝動,而『羣』(即社會)生活固常常遷變不居,因之道德意識亦勢必隨而常變.野蠻社會以多殺人爲道德,文明社會則以減少死刑爲人道.在外患頻仍的民族,以尙武好鬬爲良心所命令,在安居樂業的民族,則窮兵黷武必受輿論的非難.酋族社會中人的道德意識決不同於宗法社會中人的道德意識.宗法社會中人的道德意識又不同於民治社會中人的道德意識.所以道德意識不妨說就是社會生活底投影.某種社會必反映出某種道德意識無疑.但我們不可忘記人類的道德意識並非一

㊅參考 F. Thilly: Introduction to Ethics, 朱進漢譯倫理學導言(民十五商務)第四十八頁.

特定的或孤立的官能,而是通常知識與情感施於道德界的作用,因此,倘有一個人他的知識特別進步,他的情感特別提高,則他的道德意識亦必比一般人的道德意識特別發達.歷史上不乏偉大的道德家——他有高人一等的道德見解,有豐富的道德感,有優美高尙的道德情操.他不單單適應他那時社會的道德生活,而且改造那個社會的道德生活,提挈那時一般人的道德意識躍進一層.這也可以說是道德界的革命.㊆此外還有一種人,道德知識不與道德情感

㊆張東蓀氏似認道德只有演化(Evolution)而無革命(Revolution),見其著道德哲學(中華)頁527.惟作者此處所謂『革命』,乃指猛力加鞭後之突進一層(與胡適氏見解略同,見其著白話文學史〔一九二八新月〕引子第五頁以下),並非什麼『打倒』或『破壞』.張氏又以爲道德只有擴充而無推翻,(道德哲學頁528).惟如某蠻族中『殺嬰兒』的道德觀念,無論如何,必致淘汰而更無可擴充者也.

均匀發展,道德情感或者太充足,而道德知識卻太差了:例如布施錢財給壯健的乞丐,固出於他一片惻隱之心,殊不知其結果適足以長其怠惰的惡習.這由於道德情感有餘而道德知識不足底緣故.反過來,也有一種人,對於古今格言都熟悉,道德公律都了解,但因道德情感異常寡嗇,所以在實踐上常有力不逮心的遺憾.至於怎樣可使我們的道德意識平衡發展,有圓滿的進步,這屬於修養問題,容於第三篇中討論及之.

17. 道德標準底發生 我們既明白了道德判斷底客體是道德行爲(品行),道德判斷底主體是道德意識(良心),進一步必將追問:主體對於客體,何以能當機立斷,毫不遲疑,這是對,那是不對;這是道德的,那是不道德的;這個值得贊賞,那個應予痛斥——如此黑白分明,錙銖悉辨,這究竟有什麽權威的根據呢?

父親於風雪中從外回家,摸著小孩的頭很熱,疑心他發燒了.火爐旁母親的手很暖和,摸小孩的頭並不覺特別熱.但父親和母親不必爭論,拏檢溫表來一探——華氏九十八度,立刻可明確地判斷這小孩是平常的體溫了.這個有權威的判斷,不是父或母的個人意見,乃是一個客觀的標準——檢溫表.道德判斷亦然,是善是惡,是正是邪,必須有一公正無私的大磅秤,把道德行爲上盤一衡,便清清楚楚地指出幾斤幾兩來,大家點首承認,無有二言,這就所謂道德標準.好似法律一樣.『殺人者死』.某甲如蓄意殺了人,法官便可下處死罪底判決,大法昭然,不折不扣.因此道德標準也可稱做道德律.道德律底存在是道德判斷可能底前提.康德(Immanuel Kant 1724–1804)說得好:『天上的日月星辰,人間的道德律,明顯自存,不容措辯』!

然而道德標準究竟怎樣來的呢?自有人類,便有道德標準嗎?在邃古原人蒙昧時代,一切皆認神爲主宰,那時的善惡判斷,當然也唯神(或天)是依了.這自然是迷信,算不得什麽標準.其後社會組織發生,強有力者爲領袖,自稱代天行化,壓服人民.這時是非取決之權,自然操諸天子或神的代表了.後來君王制定法律,表面上好似法律可作公共行爲的標準,其實『趙孟能貴,趙孟能賤』,因法固由君王欽定,亦由君王解釋,更得由君王改訂或廢止.這不過是『獨裁』,也算不得什麽標準.直到人智進步,由神權制裁,君權制裁,進化爲社會制裁.人們的一舉一動,輿論騰評,十目所視,十手所指,生成一種人人心理相同的道德律,寖假養成了風尙或習俗.於是公共的道德標準纔告成立.

18. 風尙爲道德標準 道德判斷底

答案有二:曰 Right (正) 曰 Wrong (非).八 『正』者,『合』也,即通俗所謂『對』.我們判斷一種道德行爲,說它『對』,意思是『合』於道德標準;說它『不對』,意思是『不合』於道德標準.所以道德標準至少必須具1客觀的2明白清楚的3合於社會公共生活的三條件,否則很難令人判別是『對』或『不對』.要使道德在社會發生實際效力,不可不使道德標準大家都明白而且大家都贊同.能副此條件者,首先要推各民族各社會現行的風俗習慣.世界上任何民族必有其風尙,任何社會必有其習俗:這就是他們的道德標準.風尙習慣不是

八西文 Right, Wrong 兩字頗難漢譯.我國古用『是非』二字,尙勉可相當.不過『是非』涵義仍較廣,(『是』字尤爲廣泛).『是非』不但含有道德的 Right and wrong, 亦包括眞理的 True or false. 除『是非』外,有『正邪』一詞.『正』雖當於 Right, 而『邪』則離 Wrong 太遠了.

別物,無非一羣公共好惡的結晶.男女授受不親,曾在中國舊社會爲道德標準之一.男女有別,大家公認是好;男女雜交,大家公認爲亂.東西洋歷史上許多古訓格言,如『臨財毋苟得』,『己所不欲,勿施於人』,"Do unto others as you would have them do unto you" "Honesty is the best policy"等等,亦可代表大衆公認的道德律.這些話起初雖出諸一人之口,但經社會公共簽字,成爲可以兌現的支票.吾國古代所謂『禮』,亦以同樣的理由而成二千年奉行勿替的道德律.一人制之,少數人提倡之,多數人附和之,遂凝爲公共社會的風俗習慣.生存在這風俗習慣下的人們,一舉一動,常不能不受它支配.納妾是美德,因『合』於『不孝有三,無後爲大』底道德標準.人民談政治是多事,是因『不合』於『不在其位,不謀其政』底道德標準.而且這些道德標準確適應社會生活及組織.所以朝代可屢易,政府可屢更,而全不受其影響.可知風尙的道德標準是很穩妥而有力的.

19 良心爲道德標準 然而道德標準若完全放在社會的風習上,往往會流於僵石化,虛僞化,而令實際道德腐敗.用評判物品作比喻:如只就形式(外觀)來做標準,一張桌子,只要方方正正就好,它的質料如何,置諸不問,豈得謂平?中國舊道德的失敗,便是將道德標準放在禮教上,因此親喪只要雇幾個人來哭一下,就算『盡哀』,合於道德了.㊈在這種道德標準下,自然會產出無數僞君子.於是有若干道德學者認爲形式主義不是眞的道德標準.道德應自律的,非他律的;應重內心的,非尙外表的;應個人求己之所安,而非敷衍社會的門面.這就是良心論的道德標準.㊉主張此說者,必假

㊈例證可參考儒林外史(亞東有新標點本).

定良心是⑴直覺的⑵遍效的.所謂直覺,就是一見卽明,不必待推理作用.某事善,某事惡,從我們的先天本能上就能予以愛憎.所謂良知良能,非由經驗學得.某事當爲,某事不當爲,亦從我們的先天本能上就能督促取舍,不必賴理智的計算.所謂『遍效』,卽指這種良心人類同具,不問種族之文野,時代之古今,或教育之高下.『是非之心,人皆有之』.『禮義之悅我心,猶佳肴之悅我口』.這種良心標準論,像唱高調一時好聽,但畢竟缺少科學的根據.我們已在上面討論過:良心（卽道德意識）原由社會供給它內容,所以是相對的,變易的,因時因地而殊的.良心旣是多種多樣,當然做不了道德標準.『標準』底唯一條件是『一』.有十六兩秤,有十二兩秤,有十八兩秤,還有二十兩

⊕西洋代表此派者爲十八世紀初之沙夫茲布利（Schaftsbury）等,可與上十四段參照,

秤,怎能做公平的貿易呢?

20 綜合的道德標準 風尙的道德標準太偏乎外的,社會的,他律的;良心的道德標準太偏乎內的,個人的,自律的.倘能將內外聯合一氣,折衷至當,一方本著個人的知能,他方參酌社會的組織;一方可以容納進化的原理,他方可以維持遍效的根基,以此作爲道德標準以衡量人類行爲價值,則眞是再好沒有了.倫理學上所謂目的論或正鵠論,便指這個綜合的道德標準.

目的論所以能完滿說明道德標準者,據薛蕾(Frank Thilly)所說的大意可分五點:

1. 凡有發動,必有結果.而有意的動作,更不能不有所求之結果卽目的.

2. 善行爲的結果常爲人所共好,惡行爲的結果常爲人所共憎.故知行爲之是非,實繫乎終局之福害.

3. 我們勉人或自勉,常三致意於行爲所生的影響.

4. 世界各國各種風俗習慣之所以得成道德標準者,亦無非因他們這樣作爲乃適合於他們特有的目的.某代野蠻社會以殺滅嬰兒爲道德,因他們有不願戶口太繁的目的.作者按:吾國宗法社會以三妻四妾爲美德,因合於多福多壽『多男子』的目的.

5. 目的論可以解決道德律的矛盾處.如道德律云:勿殺人.但個人爲欲達自衛的目的可以殺盜,國家爲欲達保障社會秩序與人民安全的目的可以殺罪人,可以殺外敵.又道德律云:勿說謊.但將軍可以欺士卒,醫士可以欺病人,皆因可達某種善的目的,所以說謊亦不算不道德.⑪

⑪朱進譯倫理學導言第五章.

以上五點,可以綜括風尙（4,5兩點）與良心（2,3兩點）,兼顧個人及社會:故可稱爲綜合的道德標準.

這樣看來,凡是道德行爲必有道德的目的;而這目的便是道德標準.凡合於這目的的,便叫做『正』（Right）;不合於這目的的,便叫做『非』（Wrong）或不正.

然而所謂道德的目的究竟是什麽呢?

第二篇　最高目的論

第一章　最高目的底眞實性

21. 倫理學上的『目的』 目的論(Teleology)原是一個很有悠久歷史底哲學上的術語.它與機械論(Mechanism)對立,在哲學史上歷代相爭,迄今未已.亞里士多德(Aristoteles 384－322 B.C.)是個最先最有系統的目的論者.據他說:我們整個的世界是目的井然功用顯明的一大有機體.大至行星,小至塵末,無物不有其目的.低級物供高級物用,高級物供更高級物之用,以次遞進,銜合一體;世上無一物是贅疣,無一物是廢物.㊀果如所言,不但人有目的,連猪狗也有目的,草木空氣砂石也都有目的了.反之,機械論者認爲世界一切只是因果決定,不但日星風雨全無目的,連人生也無非一副機器吧了.

上述兩派都屬於太奧妙的玄學範圍.在我們科學的倫理學,大可置之不問.我們這裏所說的目的,不外乎人自己所意識的欲求.我現在夾上書包在手,從家裏走出來,要上學校去:這時,學校是我的目的.我爲什麽讀書?志在增長學問:這時,學問是我的目的.我歸途在樹旁瞥見遺下一錢包,守候失者來取:這時,物歸原主是我的目的.以上三種動作,都是有意的行爲,即都有目的懸在意識之中,並非像機器般的自動(Automatic),亦並非似癡呆夢囈者的恍惚糊塗.這『意識的目的』底實在,是直接自明的事實.倫理學上所假定的,就是這個.

㊀ Aristoteles: Politics, Chap I. § 9.

22. 目的與『好』 目的既是『所欲』，故目的卽是『好』.『好』亦卽是目的.我國的『好』(去聲)字,原與『欲』字同義.西文的 good，亦暗涵有 end 底意思.卽就物品論:我們說這管筆『好』，意思是:很適合於書寫底目的.書寫乃筆之所以爲筆.這匹馬『好』，只因它合於善馳底目的.善馳乃馬之所以爲馬.這塊田地『好』，只因它合於墾種收穫底目的.墾種收穫乃田之所以爲田.反過來說,那管筆『不好』，那匹馬『不好』，那塊田地『不好』只因它不合筆,不合馬,不合田地底目的.現在我們要判斷的,是人的品性、人的行爲,亦卽人的人格.若稱贊說:某人『好』，必因他合乎所以爲人的目的.若批難說:某人『不好』，必因他不合乎所以爲人的目的.於是『好』的問題,歸結到『怎樣纔是人的目的』來了.

講到人的目的,不是多種多樣麽?上述

三事:上學校,求學問,交還遺物給失主,都是人的目的.不但這些.肚餓了,買三個餅來充飢,『吃』也是人的目的.有便意,快步登廁,『撤』也是人的目的.男女相悅,也是人的目的.生兒育女,也是人的目的.而且旣是目的,卽必是『所欲』,亦卽必是『好』.我們能說『吃』不好嗎?難道白白餓死反好嗎?『著』不好嗎?聽它凍死反好嗎?戀愛,生育不好嗎?絕慾斷種反好嗎?㊀這樣看來,人有恆河沙數的『好』,有恆河沙數的目的.究竟什麼目的是眞的道德標準呢?、

23. 人底最高目的 上面講過:標準的唯一條件,必須是『一』而不許雜多.設有多種足夠標準資格者在此,仍必須擇定一最高程度的標準以爲標準.譬如一京城內,合鋪戶私人不下有千萬時鐘,雖都可以作爲時刻的標準,但唯一的眞的標準,不能

㊀小乘佛敎是例外.

不推國家氣象臺巍頂上一個大鐘.因此我們所要的道德標準,必不是普通日用尋常的目的,乃是一究竟的『最高目的』.㊂這最高目的必須能包涵最多的『好』,能對於全體人生的『所欲』作最大的調和而無衝突矛盾.例如『吃』,固是好,但假如我今日作工賺了一元錢,完全費在吃上,買書的錢就沒有了.買書也是好,而『一塊錢吃』底好則不能不犧牲『買書』底好.因此,『節食』就比較算較高的好了,因爲它可以包涵『吃』和『買書』底兩種好.『視天下之飢如已飢,視天下之溺如已溺』底聖王,所以受賞贊,因爲這可以達到『有飯大家吃』底好.你刮了我們的民脂民膏,你一個人獨樂樂,原是頂好;但我們窮不聊生,不能不爲賊爲匪,四方劫掠,這就是『所欲

㊂『最高目的』卽英文的 Highest good, 直譯爲『至善』,口語說『頂好』,亦當於拉丁字之 Summum bonum (卽最大幸福之義).

』底衝突.『自愛』固是好,但愛家可以容納自愛底好,而得人生欲望底較大的調和,愛國更可以容納愛家與自愛,而得人生欲望底更大的調和,愛世界人類更可以容納一切愛,而得人生欲望底最大的調和.最大的和卽是最好的好,亦卽是最高目的.

24. 最高目的底統一性 宇宙間的現象,凡如風吹雨降,水流火炎,無爲而然,皆沒有什麽目的.生物界雖似有目的,但是衝動而無意識的.高等動物似具若干有意的目的,但是支離散漫而漫無系統的.惟在自覺性的人類,獨具意識的,系統的,聯屬貫通的目的.通常說:『人爲萬物之靈』.人所以獨高於一切者,就只在此一點.人有自覺,故能對於現實不滿足,而懸擬理想以企求其實現.一旦實現後,又感不滿足,而更懸高一級的理想以再企求其實現.如是層層進取,步步追求,以至無限.所謂最高目的,就是最大理想.這最大理想雖屬懸擬的,虛構的,但具確實有力的眞實性.(四)它確支配著全人格而指揮其行動.它好似全軍的總司令,統率其下的軍長,軍長又統率其下的師長,以次及於旅,團,營,連,成一整個的集團,系統嚴明,秩序井然.這就所謂人格底統一.平常的人常常朝三暮四,言行矛盾,今日聯甲以攻乙,明日又合乙以破甲;在家裏做三姨太,在社會加入女權同盟;存巨款於外國銀行而高談提倡國貨,植厚業於西歐而侈言平均地權.『竊鈎則不爲,而竊國則爲之;簞食豆羹則不受,而萬金之賄則受之.不「踰牆而摟人處子」,然狎妓置姬妾則顯者固認爲當然.不「紾兄之臂而奪其食」,然搾取人工之勞力以自肥,則資本家固認爲合法.僞造契約以行詐,則法律有禁條,而欺世盜名者居然博時譽也』.(五)這都是目的支離人

(四)參考R. B. Perry: Generaly Theory of Value, p. 687.

格分裂,自覺心黯昧消滅,致與禽獸無殊!如果一個人抱有眞正的最高目的(或最高理想),他的言行舉動必直接(如軍長)或間接(如師長以下)與這最高目的一致,決無矛盾衝突的怪現象發生.更進論之,最高目的不但在個人的人格中有統一性,而且在全體的人類中亦有統一性.最高目的即是『最好』,即是最大滿足,即是最大和諧.假使這最高目的只對於一部分人是最好,而對於他部分人不好,對於某類人最大滿足,而對於他一類人不滿足;怎能配稱最大和諧,怎能配稱最高目的呢?眞正的最高目的,決不許有衝突或矛盾.『一路哭』固不好,『一家哭』也不好,『一人哭』也還不好,㊅頂好是世界無哭人.世界無哭人是人同此心心同此理底『所欲』,是全人

㊄引林礪儒倫理學要領(北平文化書社)頁六十一.

類一致的理想,即是所謂最高目的.這最高目的誠然不存在,但有眞實性.牠可以統一全人類,使全人類的生命直接或間接活動於牠的旗幟之下!

25. 歷史上最高目的觀底派別 最高目的底眞實性已如上述,但歷史上倫理思想家對於最高目的底內容,頗具不同的見解,因而生出各種派別,且都不無堅強的理由及實證以爲其學說的根據.這好比:我們在上段所已說明的,乃是組織上的總司令.論到實質上的總司令,各派意見互殊:某某等認爲應推韓信,而成爲擁韓派;某某等認爲應推岳飛,而成爲擁岳派等等.現在我們不妨先將各派的主張與其理論作一鳥

㈥范仲淹所說的『一家哭何如一路哭』?(宋仁宗慶曆三年十月.見通鑑或綱鑑)自然是兩害相權取其輕的意思.槍決盜犯以至殲滅敵軍,都是從比較利害的立點所取的不得已手段.不消說,這些都不是最高理想,都不是頂好.

瞰的研究,而後衡估其短長,比較其得失.

倫理學史上雖有許多種最高目的觀但概括起來,亦不外兩大派別:一是快樂派(Hedonism),一是奮勉派(Energism).而兩派又各有唯我(Egoistic)與唯衆(Altruistic)的區異.唯我的快樂派以爲最高目的在個我的快樂,唯衆的快樂派(亦稱功利派)以爲是在公共的快樂.總之這兩派皆主張快樂(物質的或精神的)爲最高道德標準.凡足以企達快樂底行爲就是好,就是正當;反之,凡足以招致苦痛底行爲就是不好,就是不道德.他們都承認人本性趨樂避苦——樂自然是人所好,苦自然是人所惡.所以快樂派得稱爲自然主義(Naturalism).他一方面,唯我的奮勉派以爲最高目的在發展個我的生活;唯衆的奮勉派以爲是在發展羣衆的生活.這兩種皆認人生應當努力進取,以得豐富的生活;合於此目的者是道德,不合於此目的者便是不道德.如用中國的舊名詞『理』『欲』來勉予附會,則快樂派不妨叫做『宗欲派』,奮勉派叫做『宗理派』.又奮勉派既與自然主義對立,故亦可稱理性主義.㈦ (Rationalism)

第二章　快樂派

26. 楊朱㈠　我國周末的時候,據孟子說『楊朱墨翟之言盈天下;天下之言不歸於楊,則歸於墨』.㈡ 我們現在檢查楊墨兩家的倫理思想:寬泛地說,可以把前者充作唯我的快樂派,後者充作唯衆的快樂派.楊朱的人生最高目的觀是肉感的快樂.他說:

『人之生也奚爲哉?爲美厚爾!爲聲色爾』!

㈦這裏的自然主義與理性主義只就倫理學上而言,勿與哲學上的自然主義及理性主義相混同.

『晏平仲問養生於管夷吾.管夷吾曰:「肆之而已,勿壅勿閼」.晏平仲曰:「其目奈何」?夷吾曰:「恣耳之所欲聽,恣目之所欲視,恣鼻之所欲向,恣口之所欲言,恣體之所欲安,恣意之所欲行」』.

楊朱引取當年衞國端木叔做人的實例,敍述他怎樣修築臺榭園林池沼以爲樂,怎樣恣享飲食聲樂姬妾以自娛,怎樣暢意遊玩,怎樣縱情揮霍,——而評贊其爲『達人也,德過其祖矣!其所行也,其所爲也,衆意所驚,而誠理所取』.

這種自享多福的個我快樂論,楊朱認爲配作統一性的最高目的,它可以包涵人類全體一切欲望,而得最大滿足與最大和諧.所以他說:

㊀楊朱大約爲戰國初代人,其事蹟及著作,今皆不傳,本書所引他的言論,皆據列子書中的楊朱篇.

㊁見孟子滕文公篇下.

『古之人,損一毫,利天下,不與也;悉天下奉一身,不取也人人不損一毫,人人不利天下,天下治矣』.

或將驚訝這種極端利己主義倘果實行,豈不殘殺相尋,怎能天下平治?殊不知楊朱所懸的標準是個人一身的實地的肉感快樂,而這種快樂確是有限.古代生活簡樸,尤易得到滿足,原不必損及他人的福利而可『皆大歡喜』.不過文明進步,人的胃口大張,住洋樓一間不夠,要櫛比,要狡兎三窟,要遠置華廈於外洋;這實背於楊朱所揭櫫的實地的享樂.照現代人那樣唯我快樂,雖飽刮千萬人的脂膏猶嫌不足,其結果自然天下不能平治了.

27. 墨翟㊂ 楊墨表面上雖立於極端反對的地位,其實他們的究竟目的皆相

㊂約生在孔子稍後.本有墨子書七十一篇,今存五十三篇.孫詒讓之墨子閒詁最可讀.

一致.楊朱宗欲,墨翟亦宗欲;不過兩方所取的手段卻大不同.楊像個藝術爲藝術(Art for art's sake)的名士,墨像個實用主義的貿易家.名士隨隨便便,商家斤斤較量.人生的最高目的,墨翟也認爲不外快樂.利欲是唯一的道德標準:可以得利的行爲是善,可以召害的行爲是惡.他說:

『利,所得而喜也;害,所得而惡也』(經上).

小利和大利較,小利是善,大利則更善;小害和大害較,大害惡,小害不算這麽惡了.所以我們應當:

『利之中取大,害之中取小也』(大取篇).

兩利相權取其重,兩害相權就其輕.倘不幸給強盜捉住手臂的時候,斷臂而免身是正當的自擇行爲.斷臂,雖痛苦,雖不好,但比較起全身被殺來,便不算怎麽不好了.所墨家的求快樂,是求之有道避痛苦,亦避之有理,不似楊朱的全無計劃.楊家主人是『欲』太太,墨家主人亦是『欲』太太,但墨家多一個很精明的家僕叫做老『理』,手握算籌,每事必先由他通盤計核一下,上算就做,不上算就不做.得兩倍樂比得一倍樂上算,得百人樂比得十人樂上算.犧牲一人益九人,比犧牲二人益八人上算.然而『一將功成萬骨枯』便太不上算了!故墨家『非攻』(所論具見非攻篇).厚棺槨衾殮給那無知覺無用的死屍又太不上算了,故墨家主節葬(見節葬篇).爲貴族娛樂品的音樂而節減平民們衣食舟車的必需品,更太不上算了,所以他又非樂(見非樂篇).由此推之,最大的上算必是全民衆的最大樂利.這就是最大的好.所以『中民之利』是好政治,『奪民之用,廢民之利』,是惡政治.『務求興天下之利,除天下之害』,是仁人賢主（兼愛下）.『兼相愛而交相利』,是人人相互間的正當關係.這就所謂唯衆的快樂派.

28. 施勒尼學派與伊壁鳩魯學派

約與楊朱同時,西洋古代地中海施勒尼（Cyrene）地方亦發生一種快樂主義的倫理學派,由蘇格拉底弟子亞里士鐵布斯（Aristippus 435－350 B. C.）首倡.蘇格拉底絕非快樂論者,但其主張『知識卽是道德』一點則爲亞里士鐵布斯所承納,故施勒尼派亦稱『小半蘇派』（Minor Socratics）,本派認人生最高目的在樂感.凡可求得快樂的感覺者皆是善行,凡足招致苦痛的感覺者皆是惡行.苟遇快樂在前,卽當盡情享受,不顧社會評論.我們應爲快樂的主人,勿爲禮法的奴隸.㊃以上皆與楊朱思想極相同.㊄所異

㊃見 C. M. Bakewel: Source Book in Ancient Philosophy, XI, 第二段（p. 142）.本學派譏笑法律習尙乃爲愚

者，本派承蘇格拉底知德一致之說，主張智慮（φρόνησις Phronesis）是必要的道德，是求得眞快樂的唯一途徑。缺乏智慮便難確定快樂及享用快樂，卒致畏首畏尾，結果反成痛苦。但究竟所謂快樂或樂感者是怎麼一回事，本派未有明確規定。其後有伊壁鳩魯（Epicurus 341－270 B. C.）乃進而說明快樂底性質，將淺薄的肉感除外，而傾向於精神上的快樂——尤其是一種內心的恬靜的樂感，希臘原文叫 ἀταραξία，譯言清淨泰適，一埽煩惱。這種快樂決非任意盲動可得，所以本派更較施勒尼派注重智慮，亦更趨近蘇格拉底知德一致的原意。所以貪美食而致病，縱色欲而戕生，樂目前一時而苦將來

人而存在。公正，尊榮等名詞，都從法律風習上做出來的，不是人生自然而有。

㊄ 皆屬於唯我的快樂派。馮友蘭氏取此兩家合論，見其人生哲學（民十五，商務）第五章。

一世,决爲智慧充足審愼考慮者所不爲.知見愈高,得樂亦必愈確實.依據這知樂一致論,人生的最高目的是自我快樂,而理想人格則爲淡泊寧靜的『智者』(The wise man).

29. 最大多數的最大幸福 西洋古代的快樂派因處智辯運動(Sophistic movement)的時代背景,頗受個人主義㈥及感覺主義(Sensationalism)㈦的影響,故其快樂論是唯我的.近代的快樂派則處啓蒙運動(Enlightenment movement)的時代背景,頗受平民主義㈧及經驗主義(Empiricism)㈨的影響,

㈥"Man is the measure of all things"(個人是一切事物的準則)是智辯派始祖普羅太哥拉斯(Protagorus,約公元前480)的名言.

㈦參考H. E. Cushman: A Beginner's History of Philosophy, Vol. I. p. 69, 70. 瞿世英漢譯西洋哲學史(民十一,商務)頁六十四以下.

㈧代表的著作如洛克(John Locke 1632—1704)的政治論(Treatise on Givil Government, 1690),盧梭(J. J. Rousseau 1712—78)的民約論(Du Contrat Social ou

故其快樂論是唯衆的.唯衆的快樂論亦名功利論（Utilitarianism），在英國十八世紀末葉以至十九世紀,駸駸稱盛.其中如塔克亞（Tecker）柏來（William Palay1743－1803）等主張增進公共福利爲道德標準,而此標準由於神旨的啓示.㈩其思想極似我國墨翟的天志論,⑪史家稱爲『神學的功利派』.將功利論從神學的改進爲科學的,而確立系統的結構者,不得不推邊沁（Jeremy Bentham1748－1842）.他在道德立法原理導論（

Principes du Droit Politique, 1762）等.

㈨如洛克的人類悟性論（An Essay Cancerning Human Understanding, 1690），休謨（David Hume, 1771—76）的人性論（Treatise on Human Nature, 1739）及道德原理研究（An Inqury into the Principles of Morals, 1751）等.

㈩見柏來著道德哲學及政治哲學的原理(Principles of Moral and Political Philosophy).

⑪墨子的天啓最是活靈活現,其天志三篇充滿着『天意曰……』什麼什麼,『天之意不欲……』等字句.

An Introduction to the Principle of Morals and Legislation, 1789)上劈頭便說:

『人類天生受着快樂和苦痛二大威權底支配.這二大威權指使人應當做什麼,限定人不應當做什麼』.

這話包含兩層用意:(1)指出苦樂是善惡是非的唯一標準.(2)指出苦樂非只主觀的感覺,乃具客觀的存在.意思是:我所感為痛苦者,在你,在他,在大衆,必亦一概感為痛苦;反之,我所感為快樂者,在你,在他,在大衆,必亦一概感為快樂.這個假定是導邊沁達於『最大多數的最大幸福為人生最高目的』底結論.因為苦樂如果真成客觀的,共同的,便可明確分類,便可清楚計算.所以邊沁提出(1)強度(2)持續性(3)確實(4)期雇四衡準,測苦樂的差等.又在一種苦樂與他種苦樂的關係上提出(5)生產力(6)純粹性二衡準;又就一人的苦樂與多數人的苦痛底關係上提出(7)影響範圍一衡準;連上共七衡準,以爲考察一切苦樂價値高低的定量器.七條皆合格而最高分者爲最高價値(卽最強,最持久,最確切,最快得到,最能產生同類的快樂,最純粹而絕無生起反響的機會,且最能影響別人使其亦得快樂,而此影響範圍又最大).所以快樂愈大而愈普及於衆就愈好.這就所謂『最大多數的最大幸福』底原則.

30. 彌爾父子的補充與修正 快樂派的最高目的觀本是利己,但『最大多數的最大幸福』則暗涵利他主義.這矛盾的根柢何在?邊沁未曾有明瞭的表示.他的朋友彌爾詹姆士(James Mill 1773－1836)乃用心理學的觀念聯合律,加以補充的說明.彌爾分析人類精神現象的結果,㊁發見:兩個

㊁著有人心現象的分析一書(An Analysis of the Phenomena of Human Mind, 1829).

觀念若生於接近的時候,就不得不聯結起來.我們謀別人的快樂,正是謀自己快樂的聯想.這種聯想因屢屢發生,遂養成強固的習慣,以致竟將利他和利己看作不分彼此底同一東西.這是老彌爾對於邊沁功利論修正底一點.又邊沁的定量器固甚周密精確.但快樂和痛苦不單有分量上(Quantitative)的差別,尤且有性質上(Qualitative)的懸殊.這點邊沁又把它忽略了,直待後來小彌爾(卽彌兒約翰 John S. Mill 1806－1873)爲之增補修正.小彌爾看出甲種快樂比諸乙種快樂,在分量上可較小,而在性質上反可較高.有人於此,選甲而捨乙,表面上似太不上算,實質上卻極應該.蘇格拉底情願飲毒汁而就死,不願逃獄而背法律.彌爾以爲人有自尊心,所以『不如意的人較滿意的猪好得多,不滿足的蘇格拉底較心滿意足的愚人好得多』.外國人的狗,坐頭等車,吃牛奶雞蛋糕,得意洋洋,比較三四等車廂中面有菜色的鄉農,着實快樂得多了!然而『在亂世的中國做人,毋寧在外國做隻狗還好』!畢竟只是憤激的感情話.具自尊心的人,到底甘願忍恥受辱而奮存,豈眞願去做搖尾的西洋狗呢?但是世上往往發生反對的事實,例如明知有害健康,偏喜酗酒;明知配個正室體面得多,—— 縱嫁給一個小夥計 —— 偏樂充大腹賈的七姨太:這又是什麼緣故呢?彌爾答道:『高尙的快樂和軟弱的植物一樣的.若不加意保護,就容易失掉生命』.

快樂有性質的差等,固是事實;人之棄彼就此,或亦有自然主義的根據.彌爾卻用『自尊心』去解釋,馴至無形中顚覆了快樂論的根基.快樂論必須把道德行爲的動機完全放在『外的制裁上』,㈢ 而彌爾的自尊心顯然屬於『內的制裁』,幾與良心相等.因此彌爾遂論及:個人的快樂倘遇與公衆快樂不一致時,㊉應當犧牲個人而顧全公衆.這種見解,直無異將快樂論化爲克己論了.不過彌爾究非克己論者;因克己論乃以克己犧牲爲最高理想,而彌爾的克己,只是爲達公衆幸福的目的時一種不得已的手段,亦猶墨翟所謂『斷指免身』底放大觀念罷了.

31. 生物進化論的快樂派 從上看來,快樂派的最大暗礁在無由解圓滿解釋

㊂邊沁便很明白地建立四制裁說:1.天然制裁.2.法律制裁.3.社會制裁.4.宗教制裁:這四種都是『外的』.

㊉通則上,個人苦樂和公衆快樂相一致,兼利必亦包涵自利:這原是一般功利學派的出發點.彌爾也未嘗不承認此通則,而同聲主張『最大多數的最大幸福』是人生最高目的.不過他更認出現世界是個不完全的世界,因此常常發生個人快樂與公衆快樂矛盾的變象,而利他行爲遂往往和利己行爲成水火不相容.

利他行爲的事實.直到達爾文（Charles R Darwin1809－82）斯賓塞（Herbort Spencer 1820－1903）等,始從生物進化的觀點說明利他行爲底由來,而爲快樂派進一新解.達爾文試行三十年的實驗工作,發見生物界有競求生存（The struggle for existence,嚴譯『物競』）與天行淘汰（Natural selection,嚴譯『天擇』）兩大現象,由此遂生出所謂『最適者存』（The survival of the fittest）㊄一大原則.他以爲利他心是由合羣本能而來,㊅合羣本能又由生物界爲競求生存,適應天然環境必

㊄舊譯『優勝劣敗』.但『優者』與『最適者』顯爲兩事,最優者未必皆能樂享天年!

㊅在動物界,合羣本能一養成以後,對於離羣必極感苦痛.假如此時偶行一事爲同羣所惜惡遠避之不去離乇,牠痛感苦味之餘,以後再也不敢做了.這就是道德感或良心底起點.道德感發展底經過,先消極,（即對於不當爲的道德感,即良心責備）,後積極（即對於當爲的道德感,即良心督促）.

要,經多年淘汰演進以成.因此利他心的根苗,實仍緣自求生存（卽利己）而起;不過其淵源遠在數百萬年以前,所以道德問題應從自然歷史（Natural history）去求解決.㊼斯賓塞則更將生物進化的原理普遍應用於宇宙萬象,而認萬物皆具一種自我保持力（Self-maintaining force）.爲求自我保存與持續,不得不進化;不進化便只有死亡.人類的行爲亦只爲求生而進化來的,將來亦必將求生而進化上去.人類雖似已能保持自己,實則刻刻仍在危險中,一不進化,便會淘汰.所以道德是進化的產物,而道德的目的亦就是進化長途中的自我保持.所謂『善』,不外乎生命的自全;所謂『惡』,不外乎生命的自毀.在邊沁,認天然有苦,樂,兩大威權支配人類行爲,—— 樂卽是善,苦卽是惡.在

㊼見達爾文人類由來論（The Descent of Man, 1871）第六章.

斯賓塞,不啻認天然有生,死,兩大威權支配人類行爲——生卽是善,死卽是惡.於是倫理學不妨就被認爲生物學的上層建築是了.

32. 社會的快樂派 達爾文斯賓塞的道德觀,着重在自我主義或個人主義.那著互助論的克魯泡特金(Kropotkin 1842-1920),雖亦從生物進化論出發,但着眼於種族的生存,遂另成一種道德觀,不妨稱做社會的快樂論.克魯泡特金在西伯利亞親與禽獸接近多年,發覺動物界的生存孳殖,與其由於競爭,毋寧由於互助.而且互助愈盛行的種族必愈進化發展;反之,必愈退化淘汰.由此類推,人類若欲求進化發展,亦必須互助.所以互助是最高道德.換句俗話說:你幫我,我幫你,大家纔都有飯吃.你不幫我,我不幫你,大家便統餓死.可見克魯泡特金的見解,亦只是從共利以達自利罷了.原來人是社會的動物,離社會亦就無個人.純粹的自利的快樂論,本已蔑視社會學的原理,況在二十世紀人羣複雜已達極點,分工合作已達密度,休戚利害相關亦已達最高峯的社會狀態之下,快樂論必建築在社會學上無疑.史提芬（Leslie Stephen 1832－1904）便專從社會學觀點出發,主張社會活力（Social vitality）與社會健全 (Social health) 爲道德最高目的.㊅健全的肉體賴各器官各細胞互助合作,同樣,健全的社會亦賴社會各分子互助合作.人在社會,恰如細胞在身體.細胞不應以各個細胞的自我生存爲目的,而應以整個有機的全身體的生存爲目的.一旦身體死了,即有若干極強健的細胞也必同歸於盡.這是唯衆的快樂論底最精采處.

綜核西洋快樂論,自古代希臘以至今

㊅見其 The Science of Ethics.

目,由素樸的縱欲進至縝密的兼利,由狹義的快樂進至廣涵的生存,由想像的武斷進至生物學的根據,不可謂非長足進步的修正.但以快樂或生存爲道德標準,爲人生最高目的,則終未免『以偏賅全』.㊾快樂只可謂是目的之一,而不能稱爲最高目的,㊿若以『生』爲人之最高目的則尤與事實相背.姑不論『舍生取義』底行爲,古今代有;而且人類固已明明有『生』數十萬年之久,那有再以生爲最高目的之理?『生存若祇爲適於環境,人類早已適了多久,何苦再冒險衝進,進化復進化不已』!(51)以生爲

㊾詹姆士(William James)語."To conceive of the whole world after the analogy of some particular feature". 見其一個多元的宇宙(A Pluralistic Universe, p. 8).

㊿對於快樂論的駁評, Thilly 一書述之甚詳,可參看朱進譯本倫理學導言第八章121—155頁.

(51)柏格森(Henri Bergson)語."A very inferior organism is as well adapted as ours to the conditions of existence, judged

人之最高目的,無異說:看是眼的最高目的,聽是耳的最高目的.這眞把人生看作『鼴鼠飲河,不過一腹』了!

第三章　奮勉派

33. 儒家　快樂派低折了人的價値,太小看了人生——人只是自然物之一.其流弊是『任其自然』,隨便,懶惰.與此對立者,有所謂奮勉派.㊀它先假定:人不單是個自然人,更是個文化人.他(指人)不肯一

by its success in maintaining life: Why, then, does life, which has succeeded in adapting itself, go on complicating itself and complicating itself more and more dangerously?......Why did not life stop wherever it was possible? Why has it gone on?" 見 C. E. M. Joad: Introduction to Modern Philosophy (1924 Oxford Univ. Press) p. 88.

㊀此名由德人泡爾生(F. Paulsen)倡之,見其(System der Ethik.蔡元培倫理學原理譯本上作『勢力論』.勢力兩字頗嫌含混,『努力』較妥.今譯『奮勉』.原文爲Energie.

味任其自然,更想改造自然.他可以有理想而求實現其理想,因而有對於理想之努力.而且他,一理想甫達,一理想又起,層進不休,因而有直前勇往永無窮盡的奮勉.這就是奮勉派的人生最高目的觀.這派在東西洋都有,現請先從我國儒家講起.

我國儒家有二千餘年的歷史,其間支派紛歧,學說代有改變;但從大體看來,他們皆決非持快樂主義或以生爲最高目的者.孟子(軻)反對當代的楊墨,不辭舌敝唇焦.董仲舒的『正其誼不謀其利,明其道不計其功』,㈡顯然與功利派立於敵對地位.儒家在倫理上正面的主張,各派不同,但或可以『德』之一字勉爲統括之.『德者,得也』;得寸則寸,得尺則尺,節節推進,永無已時.曰『修德』,曰『進德』,皆表示奮勉之義.孔子說:『逝者如斯夫,不舍晝夜』.㈢他

㈡見董仲舒文集中的天人對策.

罵宰予爲朽木,爲糞土.㈣精進是好,暴棄是壞.盡心力而爲之是好,聽天由命是壞.儒家未嘗不認自然爲好,但尤注重人爲的改造.『天命之謂性,率性之謂道,修道之謂敎』（中庸）.不修,不爲不改進,人直等廢物,枉爲一個人了.他們大抵承認人有兩方面,一是先天的自然,或名曰『性』;一是後天的學修,或名曰『理』.而人品的高下,一以後者爲標準.所以孔子說過『性相近也,習相遠也』（陽貨篇）底話.但先天後天並非截然兩物.先天是後天底底本,後天是先天底作品.先天好似洛克(John Locke)的白紙（Tabula rasa),後天好似墨翟『近朱者赤,近墨者黑』.前者是自然(Nature),後者是文化(Culture).西文Culture一字的語根Cult當於我古『禮』字.『禮』與『理』亦相通.孔子

㈢見論語子罕篇.

㈣見同上公冶長篇.

立『克己復禮』㊄之說,宋儒有天理人欲之爭,皆合於奮勉論的原旨.不過孔子的克己絕不同於印度式的遏欲.『己』是自然我,『克己』是改造這自然我.『禮』是文化人,『復禮』㊅是層進爲文化人.後來宋儒受了佛教的影響,遂有理欲二元的趨勢;更流爲形式的禮教,使道德標準成爲外律化虛僞化.但儒家至此已變爲儒教,則入於宗教範圍而非倫理學所宜問了.

34. 佛家 儒家門戶已多,佛家更甚.若概別爲大小兩乘,則小乘以苦行爲主,大乘以明性爲歸.就方法論,前者爲滅絕自然,後者爲啓發理性.就世界觀論,前者爲出世的,後者似淑世的.就人生態度論,前者重自度,後者重度人.就理想論,前者是超在(Tran-

㊄同上顏淵篇.後來荀卿禮論及其中心思想,皆繼承孔子此旨而加以發揮.

㊅『復』,再也;再接再厲也;奮進不已也.

scendence)，後者是內在 (Immanence).本來釋迦牟尼的教訓原包涵這兩方面而有圓貫的和諧,不過後來門徒因性情與處境的不同,分出注重點之各異,遂形成大小乘派對峙抗爭的現象.釋迦所欲滅絕者是『我』及『我見』.他對阿羅邏仙人辨道時,曾說:『若能除我及我想,一切盡捨,是名眞解脫』.當年印度外道每陷於(1)卽蘊我(2)離蘊我兩迷執——前者認人的心中有一靈魂的我,指揮肉身,主持心意作用;後者認宇宙有一絕對眞宰,創造萬有,我若和他結合便永生不死.釋迦灼見迷津,出而覺示大衆:『我』是因緣和合,本無自性.自我旣是『無我』,人生煩惱何存?妄業皆除,輪迴永脫.無奈芸芸衆生,冥然罔覺,妄執有我(我執),妄執有我見(法執),這是『無明』(Avijya).釋迦在菩提樹下禪定的第三夜,觀徹衆生性是十二因緣底連鎖而無明實爲萬苦

底總根源:

死→老→生→有→取→愛→受→觸
六入→名色→識→行→無明

無明卽惑;由惑生業,由業生苦.欲解諸惡,須斷無明.用『人空智』斷『我執』底無明,用『法空智』斷『法執』底無明.二執俱破,成無上正等覺,亦叫做大解脫,梵名叫涅槃(Nirvana),是佛家的理想世界.後來小乘着眼於解脫,大乘則着眼於正等覺.小乘孜孜於斷無明,大乘矻矻於人法二空智.小乘首重自救,大乘則覺世利民以共救.兩方的用力點雖然不同,要皆懇切修行,辛勤鍛鍊,而對於理想精進不懈,以求精神底無窮開拓.因此我們在這裏姑稱他們爲印度倫理的奮勉派.

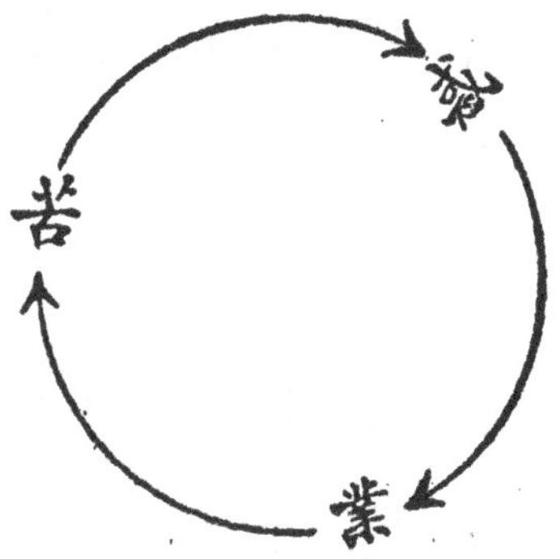

人生的輪廻

惑
業
苦

35. 柏拉圖　柏拉圖(Platon429－347 B. C.)可以說是西洋的釋迦牟尼.釋迦是王太子,柏拉圖是貴公子;但皆不肯享福皆『反快樂主義』(Anti-hedonistic),皆懷犧牲悲憫之精神作『入世以爲出世』之宏願.柏拉圖認爲我們所感覺的自然界而外,尙有一個理象界超然獨立.自然界中每一事物即依靠理象界中相等的理象而存在.理象是事物的模型,是事物所由憑寄.事物是理象的摹本,非理象無由形成.美人之所以有美,正因她摹做了一部分的『理象界底美』(即理想美,但獨立超在).我們之所以見美人而評贊其爲美,正因我們已有一絕對的美底標準.而此絕對的美非現世界所可得,可知必在超世的理象界.且那個理象界的美必限於獨一,否則不能評判現世界程度不齊的相對的美.這樣,這世界的事物皆是變易的,生滅的,無定準的,虛幻的.而那世界的理象是純一的,永久的,絕對的,眞實的.同樣,——個人在這世界中是個常變的肉體,在那世界中有個不朽的靈魂.柏拉圖借蘇格拉底對費同(Phaedon)說:

『靈魂是象神性的,不死的,智的,單一的,不可分的,不變的.肉體是象人性的,會死的,無知的,雜多的,可分的,變的』(Phaedon80).

他又說:

『靈魂給肉體拉入了變遷的世界,遂惑亂顚倒於其中,……看這世界天旋地轉,好似喝醉了酒一樣』(Phaedon 79).

『惟有眞正的哲學家(愛智者)常求靈魂的解放.使靈魂得從肉體分離解脫者是哲學家專心研究的事業』(Phaedon 68).㊆

哲學家非祇自救其靈魂,且更有領導世衆同渡迷津而登正域底覺悟.在柏拉圖名著理想國（The Republic）中,分人類爲三級:1.哲人,2.武士,3.農工商,而第一種爲最高,立於統治的地位,以領袖羣倫,庶幾可將這虛幻的自然界化爲純美的理想國.所以柏拉圖的哲人（愛智者）極似佛家的 Buddha（譯言覺者）.柏拉圖又常說:哲學是學死（Practicing death）.㊇ 意謂愛智者醉心眞理,唯智是求,好似孔子所謂發憤忘食,對於衣食名利,凡世俗務,皆不暇管而亦不屑管,實與『死人』無異.然他肉體雖似近死,而靈魂則大生特生.靈魂者非別,智也,覺也,佛也.因此柏拉圖的道德標準觀全等於眞理標準觀.善只是知見,惡只是迷誤.求知進益是善的行爲,自滿自足是惡的行爲.這就是他

㊆三引文具見柏拉圖對話集費同篇（節數皆依據 Jowett's English translation of Plato's Dialogues〔Oxford Univ. Press〕)

㊇參考柏拉圖對話集之費同篇（Phaedon).

老師蘇格拉底的知德一致論.這是倫理底論理化.

36. 昔尼克派與斯多亞派 史家常稱柏拉圖爲正蘇派,而稱施勒尼派與昔尼克派（Cynics）爲半蘇派.施勒尼派屬於快樂論系統已詳上節（第28段）.昔尼克派則屬於奮勉論系統,上汲蘇格拉底的支流,後開斯多亞派的宏緒.『昔尼克』意譯『犬儒』,因該派始祖安第仙尼斯（Antisthenis 449－360 B.C.）揭橥粗陋主義,特以『白犬』名其學園,世人亦遂半帶輕侮半昭事實地叫他們做『犬學者』了.當年蘇格拉底唯智是求,不事生計,大有粗衣糲食囚首喪面之風.他嘗說:『我在世上,何其所需之幾希也』!安第仙尼斯受教於蘇,獨深感於老師『無所需』底一點,以爲這是人生的正鵠.施勒尼派是『大有所求』,昔尼克派則『一無所求』.前者暢欲.後者絕欲.前者以爲:善卽是樂,惡卽是苦;後者則以爲:苦卽是善,樂卽是惡.這眞是西洋古代倫理學史上一對寃家對頭!其實兩方都太偏了.苦行有時固可爲進德之助,但決非道德的最高標準.刻苦太過,或反以戕其生,遑言道德?於是後來斯多亞派(Stoicism)修正其說,將消極的『無欲』置諸旁途,而提出積極的『率性』(Harmony with Nature)認爲正道.所謂『性』者,希臘原文是"φύσις",本有『自然之原理』底意思.㊈正如宋儒所謂『性卽理也,理卽性也』.斯多亞認根本宇宙爲一大理性(λόγος).世間萬物無不各具其理,此理卽其物之本性.人生亦然.人有人的本性;此本性亦卽人之所以爲人之理.我們若率

㊈斯多亞派用這 φύσις 字,包含二義:一指宇宙的原理,一指自我的本性.可參考 Windelband: A History of Philosophy Tufts 英譯本 p.171—2).希臘古代思想界的 φύσις,本含『原理』(Principle)之義,英譯 Nature 未能兼賅『原理』也.

性而行,卽合於爲人之理,亦卽合於大宇宙之理,人在宇宙,譬如耳目之在人身.耳的本性是聽,目的本性是視.耳盡聽之性,卽合於耳所以爲耳之理,目盡視之性,卽合於目所以爲目之理.其他官能皆然,於是人身全部悉得其宜.宇宙亦然.假使人不率性循理,譬猶耳目不率性循理——耳理宜聽而用作看,目理宜視而用作吃,職司乖紛,全身悖亂,這就變了情欲的世界而不是理性的世界了.我們於反省時,常覺得到:若心境爲情欲所支配,則擾亂昏顚;若心境循理性之本然,則怡和寧靜.所以人生最高目的在屏除情欲,勿使精神作其奴隸.這就合於人的本性而爲宇宙中一正當分子了.

37. 基督教倫理 上述蘇格拉底,柏拉圖與昔尼克,斯多亞諸派皆希臘系的倫理思想;本段當略述希伯來系的倫理思想,以資比較,且明西洋近代奮勉派的背景,實由此相反的兩希綜合而成.原來希臘精神始終是主知的,而希伯來精神是澈底的主情的.試概核上列希臘各家,皆以『知』或『理性』一貫其學說.希伯來思想則首先就反對知,反對理性.人類所以墮落被上帝逐出樂園,正因吃了『智果』底緣故.⑩希臘派認理想人是愛智者,哲學家;希伯來派則反覆辨明:愚者可以得救,智者自爲絆腳石而跌倒.⑪兩方的水火如此.但有一重要之點卻不謀而合,這就是:最高道德標準決不在此現實世界.在『反自然主義』的顯明旗幟之下,兩希攜手聯盟!我們對此現實世界,無可以滿足;乾脆地說,統不是好東西!我們必須根本改造這世界,而求實現我們偉大完美的理想.這就是我們的道德基礎.耶穌(Jesus)堅決地說:

---

⑩見舊約創世記第一第二章.

⑪參考新約保羅達哥林多人前書第一章,

『人非重生,不能進天國』(新約約翰福音四章).

我們常貪戀現實,以致喪失了理想,現在必須把『自然人』根本勦滅,絲毫不許留戀,纔可得到『精神人』的眞生命.所以耶穌說:

『凡欲保其生命者,終必喪其生命;凡爲義而失其生命者,必得其生命』(路加福音十七章二十三節).

兩句中上一生命,係指自然生命,下一生命,係指精神生命.這難能可貴的眞理,耶穌不但宣之於口,而尤踐之於行.在與衆門徒最後一次的夕餐完畢後,他便捲起衣衫,拿住手巾,俯身爲門徒們洗脚,以實證人生應有的大犧牲精神.而且他就在那天晚上,束手就縛,甘受死刑,默然登十字架而絕命.這杯苦酒便是基督教的最高倫理.至善卽在犧牲之中,天國便在磔架之上.㊶這種道理一見好似矛盾,但基督教的偉大處與其二千年來雄厚雋永的影響力,皆實發源於此.理想底積極肯定,必出於現實底澈底否定.[㉔]『負』底消除,便是『正』底確立.$(-a)\times(-a)=+a$

38 康德的大法命令 康德(Immanuel Kant 1724－1804)常被稱爲近代哲學界之集大成者;而其倫理思想則爲:希臘的『理』與希伯來的『情』之一大綜合.他叫這結晶品做『無上大法命令』(Katagorischen Imperativ).這命令是我本人良心之聲,亦是客觀的普遍的最高道德原理.他有至尊的權威,令我無條件地服從.所謂善行,只是『理該如此』(Ought),不是爲着做了以後

㉓我國俗語所說:『受得苦中苦,方爲人上人』,亦髣髴此意.

㉔但『否定現實』與自殺截然兩事.自殺只是消極的逃世;基督教以否定現實而求在理想界的永生,乃是一種積極的革命.

有好結果或好影響.所謂惡行,只是『理不該如此』(Ought not),不是爲着做了以後有壞結果或壞影響.行爲之是非,不決於功利,而決於行爲本身固有的理式;此其所以爲『無上大法』.這一段思想顯然是希臘正統派的精神.康德又看重善意(Good will),認爲道德判斷之唯一標準.善意發源於義務(Duty)之感.善,義當行,惡,義當絕.從善拒惡,由於我義務所在,絕不含有利害觀念.凡人莫不具有天理,卽盜賊元凶亦然,故人不動意則已,一動必攙起義務感,而直覺某行是善,當爲;某行是惡,不當爲.所以行善拒惡,皆由我臨時自己動意去做,樂意這樣去做,絕非受外力支配,更非預料將來結果如何而定.可知善惡非關智慮,全由直覺的情感而判.這一段思想又明明是希伯來主情的精神.比合看來,康德所謂主觀的善意與客觀的大法,實在是一而二二而一的東西.所以

道德標準是高懸於普天之光日,亦內存於個我的良心.於是康德述道德基本公式曰:

『你應該止照那種格律去做——這格律是你自所遵從而同時亦必欲其萬人共守的普遍法則』.⑭

由此演爲第二公式:

『無論在你在別人,總須把人當作目的看待,勿當做工具』.⑮

這樣看來,人類皆是目的,皆是主體,一視同仁,任何人皆非爲別人所利用,或爲別人的奴隸;羣各得正,天下熙熙,是謂『極國』(

---

⑭ (Act only inconformity with those maxims which thou canst at the same time wish to be universal laws." (English translation of "Fundemental Principles of the Metaphysics of Morals", 3rd ed. p. 52 § I. T. K. Abbott's translation of "Kant's Theory of Ethics" (6th Ed. Longmans, 1927) p. 38.

⑮ "Act so as to treat humanity, Whether in thy own person or in that of any other, in every case as an end withal, never as a means only" (Abbott's translation, p. 47).

Kingdom of ends). 這就是康德的最高理想界了.

39. 尼采的『力的意志』⑪ 奮勉派有唯我與唯衆之別;昔尼克似唯我,斯多亞似唯衆.柏拉圖與康德則似兼賅兩者而有之.至尼采(F. Nietzche 1844-1900)而又大張唯我的奮勉派之旂鼓,以開現代倫理界的新局面.他不像康德那樣樂觀地認人類具有先驗的天良.道德標準不是已成的,乃是待創的.那時,進化論已旭日高升,金光萬丈,振盪於傳統的道德思想者極大.尼采固受達爾文諸人學說的影響,但他以爲進化的原動力不是外的環境,乃是內的意力.生命不是什麽適者生存,乃是意欲生存者生存(Those survive who will survive)。人生底本相是意欲,原是大厭世家叔本華(A. Schopenhauer

---

⑪ Der Wille Zur Mach (1888) 是尼采未完之作,有英譯本 The Will to Power (1909-10).

1788－1860）的哲學.但叔本華以其爲意欲而悲嘆,尼采則以其爲意欲而謳呼!正惟其有意欲,而有力,而可邁進,而可衝鋒,而可更新創造.這意志力正是道德標準.人類的演進,不外乎意欲討伐理性的一部戰史!於是尼采借希臘神話中的亞波羅（Apollo 美神）象徵理性,刁尼索斯（Dionysus 酒神）象徵意欲.人類歷史的線索,卽是酒神對美神迭相消長底歷程.美神代表理想,秩序,宗教.及一切向來認爲人生應當贊美服從的制度與觀念;酒神則代表向來認爲反動派的革命破壞搗亂分子.尼采以爲理想派浪漫派的人生觀太沒出息,終想拜倒於某觀念的裙下!賤種!下流!理想派的道德是奴隸道德!他在柴拉都斯特拉這樣說（Also Sprach Zarathustra）中,大膽宣言道:『要做生活的主人,不要做生活的奴隸.任何傳統的東西不論它有怎樣權威,都不要相信它或承認它』!

我們要想脫離現實的苦惱,不當靠託美神以求楊枝甘露,必須用強烈的意志大踏步奔進衝鋒.其結果雖是一大悲劇,然創傷,流血毀壞,正是向上創造底壯舉.人生應當盡量伸張他的力以超出一般人.他說:

『超人(Ubermensch)是人世的意義.你的意志應立意說:超人必須是人世的意義』!㊆

40. 自我實現與文化創造 尼采的大刀闊斧,絕塵而奔,誠足使我們驚嘆.然奮勉論中的唯我,與快樂論中的唯我,態度根本不同,後者是退損的,故不必和別人衝突;前者是競進的,故必定和別人衝突.此尼采之難點一.唯我的奮勉論,矯矯獨步,不顧衆生,計雖至得,但不能解於生命之密網與宇

㊆ "The Superman is the meaning of the earth. Let your will say: The superman shall be the meaning of the earth." (Thus Spake Zarathustra, Prologue, §3).

宙之全景.我有自然我,乃參預大自然的一小部,我有社會我,乃參預全社會的一分子.我不能絕自然而獨善其身,離社會而獨超於衆.此尼采之難點二.而且力的意志既屬盲目的衝動,帶極強烈的爆裂性,其不能爲最高目的也又可知.此尼采之難點三.我們誠拜服尼采的奮進精神,但必須使甲之奮進與乙,丙,丁,……之奮進絕無扞格,而且相得益彰,正如男女相悅,兩皆滿意,這纔是盡善盡美.輓近格林 (T. H. Green 1836－82) 及勃拉特來 (F. H. Bradley 1846－1924) 所唱的自我實現說 (Theory of Self-realization), 與馮德 (W. Wundt 1832－1920) 的文化精神之創進,庶幾近之.㊅馮德與格林等的倫理思想,出發點雖不同——一以心理學,一以形上學,

---

㊅ Green: Prolegomena to Ethics (1883); Bradley: Ethical Studies (1876); Wundt: Ethik (1886 Eng. trans. Ethics, 3 vols, 1867－1901).

但他們皆公認:宇宙間惟人有『自覺』底特徵,其他皆無.自覺底功用在使我們覺知較好的理想,而爲生命奔赴底指針.例如我今在某種境况,必覺有較善的另一境况在前而必欲實現之,非達目的不止.一旦達到了那個較善境况以後,又必覺有更較善的另一境况在前,而又必欲實現之.這樣,一目的既達,一新目的又起,新目的既達,一又新目的又生.如是層出疊進,目的無窮而我們的奮勉亦無窮.此創進不已的本體,在格林等名爲『自我』,在馮德名爲『文化精神』(Kultursgeiste).所謂自我,讀者勿誤認爲時空限制中之具體個人,乃指超時空之理想我,亦可云『大自覺』,或逕稱『大我』,以別於個人的小我.小我底自覺即所以表現大我,小我底發展,即所以完成大我.所以甲小我之進取,不但不與乙小我,丙小我,……之進取相衝突,反且互有助益;猶之在一身中,眼明可有助於手快,胃佳可有助於脚健,而眼耳口腹各器官之強壯,亦卽全身體之強壯.故全身之強壯乃包涵一切器官之強壯,全人類之目的乃包涵各民族各個人之目的.馮德所謂文化精神之創進,卽指目的之擴大.先有求個人滿足底『個人目的』,但在滿足個人底進程中,又發見須求民族滿足底『民族目的』,而在滿足民族底進程中,又發見須求全人類滿足底『人類目的』.這種發覺與努力就是文化精神,也就是自我底不斷實現.道德標準卽在於此.順應此大文化之流或自我實現之進程者,謂之善;逆此者謂之惡.至善非最後的圓滿,而是日卽於圓滿底圓滿.最高目的非目的地本身,而是不斷的向上創進與理想實現中的歷程.這是現在我們認爲最滿意的道德標準.

第三篇　義務及德論

第一章　義務

41. 道德之路　道德的最高目標（即道德標準）既經確定,第二步,必求所以實行進達之方:這就所謂實踐道德,以別於前之學理道德.上篇已說明:道德目標是進程,是路,則本篇所將討論的實踐道德,可以說即是『路之路』.我國『道德』二字的意義,頗與本書見解相合.『道』,就理論方面言;『德』,就實踐方面言.『道』字本作『路』解,是人人可走的路,㈠而且亦是人

㈠據許氏說文:道作䢕,从辵从首.又云:古文作衟,从首从寸.又辵字从彳从止;彳乃『行』字之略寫,『止

人應走的路,因爲這是條大路,通路平坦的路,不是什麽羊腸小徑或崎嶇不平的危途.通常『道』字每聯稱『大道』,『王道』.㊁表示這是人人應當走的一條正路.然而怎樣能走上這條正路來?這便是『德』的問題,卻因人而各殊.譬如一個農夫,他可以從一把鋤頭上成一個好農夫,一個新聞記者,他可以從一管筆上成一個好新聞記者,一個外交家,可以從折衝樽俎上成一個好

』由『足』字下半截取足趾着地之象.查殷墟龜甲文中有𠓛字者,乃『路』之象形字,表十字街頭之意.後由名詞的『路』移轉爲動詞的『行』.行加圭則爲街,加瞿則爲衢,加吾則爲衙,加韋則爲衞,加首則爲衟.所以古時正式的道字當爲𨔞,其後略寫爲𨑓,更衍爲𨗨,遂成今形.爾雅釋宮上說:『一達謂之道路,二達謂之歧旁……』.可知古時一條線式的大路直路叫做『道』,兩條以上的叉路叫做歧路了.

㊁『使我介然有知,行於大道……大道甚夷而民好徑』(老子五十二節);『王道蕩蕩……王道平平』(尚書洪範篇)

外交家,一個學生,可以從學行砥礪上成一個好學生.故曰:『德者,人之所自得也』.各人的禀質不同教育不同,環境不同,其所成就者亦必各異.但若同向這條大路而走,同參預人類文化之大流,卽同爲有德之人.德是多種多樣的好似萊伯尼志(G. W. Leibniz)所謂『單子』(Monads).單子雖恆河沙數,卻仍諧合於全宇宙.德雖儀態萬方,卻仍諧合於道.所以江袤亦說:『道德實同而名異』.㊂道是普遍的,抽象的;德是特殊的,具體的.道好比風,德好比葉戰,花搖,塵飛,沙走,旂飄,旛動,帽落,衫颺,……然德雖是多方面的個件(Cases),亦並非亂雜不可究詰.其中仍有若干原理足供我們重要的研究.以下將分兩部分討論:一是義務,一卽是德(狹義的).義務是行路時的機力,德是行路中的結果.前者是發動,後者是收穫.前者似腳,後

㊂見焦竑:老子翼附錄引(嚴谷山人條).

者似腹.那麼,來!我們請同上道德之征途!

42. 義務底意義 我們對於人類行爲,依道德標準去下道德判斷:順合道德標準者曰正,曰善,曰德;背反道德標準者曰惡,曰非,曰不德.西洋古代昔尼克派(Cynics)認人事只有德與不德兩種.人生一切行爲,非屬於道德的(Moral),卽屬於不道德的(Immoral),更沒有第三條路(卽無所謂道德不道德的,Non-moral).這樣,我們日常生活上,一舉一動,不入於善,卽入於惡,投機之會,間不容髮.這種觀念大足以促進人生嚴格的自繩.斯多亞派(Stoics)承之,遂倡爲Καθῆκον(責負)一字,㊃意謂:我們人格上有一種嚴重的負擔——善不可不爲,惡不可不絕.這『不可不』一概念,卽倫理學上所謂『義務』(Duty).英文Duty一字由

㊃可參考 Tuft's Eng. tr. of Windelband: A History of Philosophy, p. 172. (2nd ed.)

Due（當償）轉成. Ought（必當）一字,亦與Owe.（債負）密近.故義務一語乃指人所不可不履行的拘束,好似所欠的債既已到期（英文亦稱 Due）,必當歸償,不可不歸償,亦不得不歸償,斷不許寬緩或躲免.如果照昔尼克派的見解,人事只有善惡二途,則我們無時無刻不在義務之中,一身常負重債,不太苛苦嗎?事實上誠有許多似無關於道德（Non-moral）的動作,如俯拾樹葉,以刀裁紙等,並無『不可不』這樣做,或『不當』這樣做的意味.所以斯多亞派修正昔尼克派的兩極論,提出 Adiaphora 一詞,訓作無善無惡的中性.但斯多亞又將它分作兩類:(1)可取者,即比較上近於道德的,例如健康,才能,技藝等;(2)可棄者,即比較上近於不道德的,例如衰弱,貧乏,愚拙等.這樣,第一類雖與德無直接必然的關係,而仍有間接或然的關係;第二類雖與不德無直接必然的關係,而仍有間接或然的關係.往往有一種舉動初看似無關於道德,不甚介意,殊不知其間接的影響做成極大的禍根.所以嚴格說來,世界上眞是無善無惡的中性行爲,實爲罕見.因此,從倫理學的立足點,不妨說一句:人是義務的動物.

43. 他律與自律 如上所說,義務帶一種強制或拘束底意味,叫你不可不如此,不得不如此.這樣,道德不成了『他律』了嗎?國法規定:『人民有納稅當兵的義務』,我們盡這義務,不是受法律底強制執行嗎?若不履行這義務,便會觸犯刑章,羈身縲絏.宗法社會的禮教下,妻於『夫死,義當守節』,寡孀盡這義務,不是看禮教的面上嗎?不是受社會輿論的壓迫嗎?若不履行這義務,便會萬口唾罵,奇恥大辱.這樣看來,義務不過恐怖心的變形是了!但倫理學上的義務原對道德行爲而言,而道德行爲必以有意的,自擇的,自覺的爲前提.倘一行爲而不由自覺的,自擇的及自主的即不成立所謂道德行爲,亦即無所謂義務.在法治民主國,立法權操之人民之手.『有納稅當兵之義務』底憲法既經人民大家公定,也就無異於我自己所定.本人自覺地規定,自覺地履行,那不是完全自律的道德嗎?禮俗亦然.若我承認這禮俗是有益社會,我照它實踐,仍是自律.若我不承認(即覺這禮俗有害社會),而不企圖改革,依然隨波逐流,照樣去做,爲惡俗更添一層保障,乃是自覺地爲惡.所以道德的義務,其形式雖爲『不可不』的拘束,其實質卻是『我應當如此』底自主,或『我樂意如此』底自願.上篇說過:道德最高標準是文化創進與自我實現.這個最高目的是公善(Common good),而同時亦是獨善.我有實現自我底義務,這並不是看任何別人的面子上,乃完全出於自覺自行.我有擴大增進文化底義務,這雖對於世界人類的滿足不可不如此,而同時爲自我滿足計,亦不可不如此.所以義務是個人的天職.

44 常識與道德 從前日本有個學者和某將軍論辯軍人爲何而戰底本意.學者說是:爲義務而戰.那個將軍激昂慷慨地痛駁道:『我輩若單爲義務而戰,尙何足論!鄭重地說:我輩軍人是爲名譽而戰』.彼都倫理學家吉田靜致(Seichi Yoshida)對此有很精闢的評論.他以爲某學者與某將軍兩說俱是.因學者意中的『義務』是從道德的立足點,而將軍意中的『義務』是從常識的眼光云云.㊄可見常識的義務觀和道德的義務觀大有出入.我們對於負債,義當償還;對於別人的財物,義不可取.這都是常識的義務,—— 自然也是道德上的義務.但

㊄見吉田靜致:倫理學要義 p. 404,5(昭和年版,東京寶文館).

如我們對於金錢必當善用,不可浪費,不可吝嗇;這便是道德上的義務,卻不一定爲常識的義務.對貧兒的捐金,對路客的急救,就尋常論我沒有『必須這樣』底義務.但就道德上論,這正是十足無扣的我的義務.常識的義務是消極性的;因爲不這樣,便與法律抵觸——不還債,偷人財物等,都是犯罪.所以尋常所謂義務,大等於法律上的義務.而道德上的義務則是積極性的,——金錢必當善用;濫用與嗇用皆爲道德的罪人.斥千金於靑樓,法律上無罪,而道德上則爲罪(Moral sin).擲果皮於公路,常識上無所謂非是,而道德上則爲不應(Ought not),所以道德上的義務較之法律上的或常識上的義務,範圍廣闊得多.日本某將軍從常識上看義務(兵士有服從長官命令之義務);若爲義務而戰,何足以振士氣?必須進一層說爲軍隊之名譽,或大日本帝國之名譽而戰!但某學者則從道德上看義務（軍人有扞國救世扶弱摧強之義務），說爲義務而戰，已似推車上壁，再無以加！在倫理學上更沒有什麽『超義務的善行』這麽一回事。

45. 權利與正當 在法律上有與『義務』相對立底一個字叫做『權利』。這字在英文曰 Right，正和道德上的『正當』或『對』完全一致。原來法律上的『權利』正從道德上的『正當』而來。我對於自己的金錢有善用底義務，善用是道德的正當。因此法律上規定我有自由使用我的所有物之權利。這就是法律上所謂『財產權』。我既享有這法律保護的財產權，就同時在道德上負有應當善用這財物底義務。亦可以反過來說：我因在道德上有應當善用我的財物底義務，所以同時在法律上應享有財產權。㊅生命權，自由權，也是一樣。我負有善爲生活底『道德的義務』，故應享國家保障生命底『法律的權利』.我負有正當言行正當活動底義務,故應享國家保障言論信仰集會結社自由底權利.國家爲什麽應當保障這些權利呢?譬如我的財產,我可用以投資,用以興學,用以賙人之難,用以作各種公益事業,卽直接間接促進人類文化之擴大而實現人類最高理想;則此財產實爲道德目的之寶貴工具;而此財產所有者在道德上卽負有善用工具以達道德目的底義務.國家的保障財產權乃所以給予本人履行道德義務底機會.生命權自由權等亦然.所以法律上的權利是道德上的義務之投影.近代文明國家無不在憲法上明白揭示生命財產言論自由諸權,卽爲尊重

㊅這與『資產私有制』及『共產制度』另一問題.在今日蘇俄的人民並非絕對沒有私產(政府且獎勵人民多貯蓄),不過被限制使決無擁有大資本的機會吧了.故卽在共產制度下的人民亦仍享有法律上的財產權.

人民道德上的人格與義務之尊嚴起見.時人所爭論的吾國人權問題,㊆便亦爲此.老實說,一國人民若被剝奪了生命財產自由等權,不啻宣告人民已無履行道德義務底能力,不啻宣告整個的民族已完全人格破產了!

46. 義務與衝動 義務是實踐道德的原動力,是自我實現,文化創進途程上的加鞭.但它在馳進中每逢強固的障礙物阻止其去路.這障礙物約有三種:(1)衝動,(2)習慣,(3)風俗.三者本身並無不好,而且義務觀念底內容亦具有衝動習慣風俗底成分.不過義務是向着正方向而行的勢力,衝動等三者是停着不動,或向着逆方向而行的勢力吧了.義務觀念底基本元素實即衝動.但義務觀念常與衝動作極大的衝突,好似世

㊆胡適羅隆基梁實秋等作:人權論集(民二十,新月).

仇冰炭極不相容:這因爲義務是良馬,而衝動是柏拉圖所巧喻的『黑馬』.㊇黑馬而駕馭得宜,未嘗不卽是良馬.但未經訓練的黑馬,則大足爲馳驅的障害.在金錢上的義務是『臨財毋苟得』,但食的衝動一化身爲『貪』的黑馬,便妨礙義務底行程.在存亡危急中的義務是『臨難毋苟免』,但自保衝動一化身爲『怯』的黑馬,便顚覆義務底車輪.在男女上的義務是不亂,但『淫』的黑馬阻撓他.在職務上的義務是公忠,但『私』的黑馬侵蝕他.在人我相處上的義務是和恕,但『猜忌』,『狹隘』,『鬬狠』的黑馬都來陷害他.難怪宋儒嚴天人理欲之辨:對於前者,愼守之皇皇惟恐或失,對於後者,力絕之兢兢惟恐或沾.在古代基督教,亦認良心(義務觀念)爲聖靈之啓示,

---

㊇ Jowett's translation of "The Dialogues of Plato", Phaedrus § 246, vol. I, p. 452.

認私欲（衝動）爲魔鬼之祟.魔鬼聖靈,勢不兩立.其實聖靈不外乎走正了方向底魔鬼,魔鬼亦不外乎走錯了方向底聖靈.只是一個東西,並無兩位神鬼.『理』是淨化了的『欲』,欲是理底渣滓,是渾濁了的理.用柏格森（Henri Bergson）花炮底妙喻,義務乃是衝昇而上的火花,惡化了的衝動乃是火花落下的餘燼.㊈義務觀念好似羅素(Bertrand Russell）所謂創造衝動（Creative impulse),而我們這裏所說的衝動則似羅素所謂占有衝動（Possessive impulse).㊉創造衝動和

㊈見其創造的進化（L' Evolution Créatrice, 1907). "Life is likened to a rocket whose extinguished remains fall to the ground as matter;" "Life is like a fountain, which, expanding as it rises, partially arrests or delays the drops which fall back." C. E. M Joad: Modern Philosophy, p. 100 (Oxford Univ. Press 1924).

㊉見其政治理想(Political Ideals)程振基譯本（商務）頁四.

占有衝動兩者並非本質不同,衝動之善化者,即爲創造;惡化者卽爲占有而已.人道底義務觀念原基於保種好羣的衝動;正義,公憤,殺敵,革命底義務觀念原基於怒的衝動.把衝動移向正的方向,使訓練成爲義務底毅力;這就有賴於道德教育的使命了.

47. 義務與習慣 人非生知生能,義務亦有待於學習.樂善好施是我們對於社會底一種義務.這種義務底實踐雖起於天性的同情,但在沒有養成習慣以前,不過是偶發的,不定的.若已養成了好施習慣以後,便斷不致怠忽這種義務.若以義務喻機力,習慣便好比油.機力得油,活動必更優勝.道德訓練底根據便在於此.譬如祖國丁存亡危急之秋,國民處嘗膽臥薪之境,似我書生弱質,應有一早起牀勵行體操以爲鍛練底義務這事在第一朝第二朝——尤其是天冷的時候,感覺着十分困難.初初必須『勉强而行之』,等到幾個星期以後,養成了早起和晨操的習慣,這個義務便自然而然地履行無阻了.但習慣可以促進義務,亦可以窒礙義務.例如學問家勤學的習慣,每致怠忽衛生運動底義務.法律家精刻的習慣,每致輕視『恕以待人』底義務這種弊病常因職業關係而釀成.三句不離本行,習慣養成惰性,墨守頑固的成見,抹殺別方的觀點經濟家習於利效(Efficiency),每易忽略人道底義務.政治家習於權力,每易忽略『世界同情』底義務.科學家搜集材料,尋求例證『合於己說者則多取之,離於己說者則棄置之;其推效竟委也,所利者雖甚遠,常若可得;所害者雖目前,常若無覩』.⑪以研究學問爲職志底我們,更有平等接物客觀虛懷底義務;但不成爲『習』,則不深入,不專家而一成爲『習』,則易陷於『蔽』(荀子

⑪見嚴復譯:羣學肄言知難篇(商務).

語），⑪易陷於『我執』（佛家語）．出主入奴的學者，打筆墨官司的文人，都由習慣妨害義務所致．人常以爲止有惡習慣和義務相衝突，殊不知良習慣亦多爲義務底掣肘，而阻礙人格開展底前程．且義務與惡習慣交戰時，尙有天良爲之助；若至義務與良習慣交戰，則非賴乎夙厚積的大修養，殊未易言克服也．

48 義務與風俗 然上述義務底妨礙者，猶祇是個人的，小我的．至於社會風俗有與義務發生衝突時，它（風俗）縱則具有數百或數千年的傳統背景，橫則擁有全地方或全民族的拱衞勢力．渺焉一己的義務觀念，想和它抵抗，眞好比脆卵擊石！推原

⑪『墨子蔽於用而不知文，宋子蔽於欲而不知德，愼子蔽於法而不知賢，申子蔽於勢而不知智，惠子蔽於辭而不知實，莊子蔽於天而不知人』，見荀子解蔽篇．

社會風俗之所以屹峙,亦由於一般人的義務軍所擁護.例如我國從前有『男女授受不親』底風俗,宗法社會下的先生們覺得這是男女關係上的重大義務,擁護之惟恐不力,以致成爲數千年相傳的強固習俗.婦女纏足之風,由於做爺娘的都覺得有爲女兒裹腳底義務.祖先祭拜之風,由於做兒孫的都覺得有供奉死父母死祖宗底義務.所以義務與風俗相衝突,無異乎義務與義務本身發生決裂.這種大矛盾,往往盛現於過渡時代.例如革命先烈徐錫麟殺死滿清安徽巡撫恩銘一件事;恩銘是徐的直轄上官,照例,下屬有忠於上官底義務.但徐更覺得國民有忠於民族底義務,不惜破壞前一條的義務,而貫澈後一條的義務,這是封建時代與民族時代交替中一大悲劇!所以反抗習俗的結果,不是亡身海外,便是陳屍刑場,飲毒,剖心,活燒,登十字架,歷史告訴我們,這是反抗習俗底報酬!非有大理想,大覺悟,大無畏,大修養的道德精神,何能出此一舉?須知征服個人的習慣已非容易,征服全社會的習慣（卽風俗），豈不更千難萬難?不過風俗爲維持社會安全及幸福底無形勢力,不是一時突然出生,亦非由一人武斷製定,乃經人類在相互社會生活上所嘗得的種種經驗,結晶爲固定的不成文法,藉傳說,模倣,教育而代代遺傳.它之所以能歷傳久遠而尙具效力,必有它的生存底意義.倘它生命已失,亦必自然淘汰,不再有支配人心的威權.所以我們對於風俗,一方面固有評察改良底義務,他方面亦有遵守維持底義務.孔子的『吾從衆』,便是此意.

49 義務底變易性與經常性 上述遵守風俗底義務與改革風俗底義務,一見好似自相矛盾,其實由於義務底變易性所致.義務得別爲對己的義務與對人的義務兩種.對人的義務卽社會關係上的義務.社會因物質環境及心理環境底變遷而常形成種種不同的生活,隨卽發生種種不同的風尙,由此而亦有種種不同的義務.譬如農業經濟環境下的家庭生活成爲多子多孫及一夫多妻底風俗,人們便有『不孝有三,無後爲大』底義務感.一到經濟環境由農業變爲工業,個人主義發達,家族主義崩頽,從前認三妻四妾爲良俗而遵守之者,今則疾爲惡俗而改革之不遑.封建社會有忠君的義務,到民族社會便改變了;私有財產社會有尊重所有權的義務,到共產社會便修正了.至於對己的義務,亦因稟質,境遇,業務的不同而隨以變易.『沉潛剛克,高明柔克』;富有者不可不勇於施捨;孱弱者不可不急於衞生.在平時以明哲保身爲義務,臨戰陣以捨身殺敵爲義務.交友必誠信,但醫師對於某種病人有虛辭慰藉的義務,對人必仁愛,但刑官對於殺人盜犯有執法如山的義務.這都是義務底變易性.

然而人生有不易的向上目的,社會有不易的進化方向;因此,我們可以有不易的道德標準,因此我們亦可以有不易的義務觀念.例如『忠』的義務是經常的.在專制國的忠,可忠於君王,在法治國的忠,可忠於大法.雖忠君與忠法的義務可變,而忠的義務卻不變.如『信』的義務也是經常的;雖對敵可欺詐,對病人可說謊,對小孩服藥可哄騙,但仍無害於『信』的原則.人有自由,便有責任.他有怎麽樣的本分,便有怎麽樣的義務.他有怎麼樣的最高目的,便有怎麽樣的『當爲』.

第二章　德

50. 德的意義　我們既認識了道德的最高目標,覺悟了自己應盡的道德義務,躬行實踐,循循不已,陶成良善的品性:這就叫做德(Virtue).我國古訓:『德者,得也,行道而有得於心之謂也』.這是很適當的界說;其中包涵着三要點:⑴德是習得的,非生成的;⑵德是『行』道底結果,非單是『知』道;⑶德是自得於心,直接自足,而非有別種作用.以下按次討論這三點:

孟子說過:『惻隱之心,人皆有之;羞惡之心,人皆有之;是非之心,人皆有之;辭讓之心,人皆有之』.又說:『惻隱之心,仁之端也;羞惡之心,義之端也;是非之心,智之端也;辭讓之心,禮之端也』.㊀仁,義,禮,智,皆是德;惻隱,羞惡,是非,辭讓,皆是人類同具的天性(即今語衝動).惻隱心(即今語同情)雖是天生的,但惻隱心不就是仁德.仁雖由同情心出發,漸次修養而成,但同情不就是仁.同情祇可稱爲『仁之端』.德人泡爾生(

㊀兩引具見孟子告子篇上及公孫丑上.

F. Paulsen）認衝動爲德之自然的基礎，㊁亦與孟子所見不謀而合．德是器，『不琢不成器』。器非天然的，雖則器的原料是天然的．勇德是由天然的『怒』的衝動琢磨而成，但怒不就是勇．儉德由天然的占有衝動琢磨而成但占有不是儉——占有且易陷於貪吝的不德．這一點，我們和道家的見解立於反對地位．道家主張自然主義，崇尚無爲，鄙棄學習．因此他們認一切天然的東西都是善，認衝動即是上德．老子說：『上德不德，是以有德』．㊂所謂『不德』，指不經學得的原始素性．又說：『含德之厚，比於赤子』．㊃赤子是天眞之璞，凡百皆依衝動而行，故可作厚德的象徵．道家既以無爲自然爲人

㊁ Paulsen: Tugend und Pflichtenlehre, 日本深作安文譯：德論及義務論，載入蟹江義丸：倫理學大系內．

㊂ 老子三十八節．

㊃ 同上五十五節．

生最高目的,當然引出『上德不德』底推論.它在我國歷史上的惡影響便是那些頹唐,放縱,醇酒婦人,風流名士,文人無行,懦夫短氣.德是積極的有爲,是盤層的寶塔,是歷階而升的高樓.我們稱某某爲仁德之人,表示他做過許多實地愛人底事,而且力行不倦,遇有愛人的機會,必樂赴之惟恐或後.換言之,他必在這愛人的行爲上積修既久,熟習非常;好比一個人必已積有游泳底深厚經驗,熟習各種游泳方法,纔得稱爲游泳家.

51. 所謂『知德合一』、第二點,德必須力行而成,單靠知識,未必可以成德.這也可用游泳之例借證.讀破萬卷『游泳術』一類的書,明曉各種游泳的方法與姿勢,未必就能下水游泳,更不能就稱爲游泳家.所以『知』仁未必就有仁『德』,知孝未必就有孝行.不知固有礙於成德;不德亦多由於不知.㊄然世上幾多意志力薄弱之人,明知這事是善,應做,卻終竟無力去做.㊅蘇格拉底(Socrates)主『知德合一』之說,由於將『知』的內容加以擴大,甚至包括了『行』亦在內.自來知行學說之爭,皆因對於『知』『行』兩概念底範圍不先說明規定,以致泥中混戰.主張知重於行者,乃暗納一大部分的行於知之內;主張行重於知者,則又暗納一大部分的知於行之內.我們在這裏,並不想爲那些『知之匪艱,行之惟艱』,『行易知難』,『知難,行亦不易』諸說作左右袒.不過平心而論,德是在道德行爲上的反覆經驗,而這經驗常兼賅知行二事.單以德爲『行』之習慣而無關自覺者,此不過盲從的行爲,偶合於善,未便遽稱爲德.㊆然單以德爲『知』的了解而無關實

㊄程頤說:『人之不爲善,由於不知也』.又說:『知之不能行者未之有也』.具見二程全書卷十六.

㊅『見義不爲,無勇也』,見論語爲政篇.

踐者,則此亦不過空洞的概念,其不能稱爲德,自更不待言.所以亞里士多德 (Aristoteles) 認德 (Moral virtue) 爲隨理智活動而生成的習慣.㈧這是很公允的兼籌並顧.

52. 德福一致論 第三點,德是自得自足,絕無他求.韓愈所謂『足於己而無待於外之謂德』,㈨即是此意.行德者之所以行德,乃是對於『德』有樂趣,並非想借德

㈦可比較林礪儒在他倫理學要領上所說(頁一五〇):『吾人之衝動賴理性之指導而成德.然最初所賴者非自己之理性也.兒童富於衝動而乏理性,賴父母師保之指導而成良習慣,遂爲畢生德性之根基.如清潔之習慣,羞惡之心,誠實禮讓之習慣,兒童最初皆未知其價值,惟賴敎育之力養成第二天性.及長,然後知其可貴.由此觀之,德之初成,非由知而行,實由行而知也』.兒童在父母師保指揮監督下之『德』,雖合於德,但我們決不能稱這兒童爲有德者.

㈧參考 Aristoteles: Nichomachean Ethics, Welldon 英譯本 Book I. Chap. XIII 末段及 Book II, Chap. I 初段, Chap. VI 初段.

㈨見韓愈:原道一文.

作敲門磚,別有所圖.德本身便是酬報,更不望別有酬報.德本身便是滿足,更不作爲另求某種滿足底手段.這就是古代希臘『德福一致』底眞諦——德卽是福,福卽是德.世人或不免對於『德卽是福』之論解爲:行德的結果必有幸福臨身:這就失之毫釐謬以千里了.善事養生,固可延年益壽;但長壽者未必皆有德,而短命者又未必皆不德.顏回盜跖之死生顚倒,早已啓昔人之懷疑❶殺身成仁,舍生取義.黃花岡七十二烈士救民濟衆之大勇大仁,反貽碎身裂屍之大痛大苦!於是宗教便在這裏出頭:它肯定靈魂底獨立存在,講三世因果,講末日審判,講

❶『若伯夷叔齊,可謂善人者非耶?積仁潔行如此,而餓死!且十七子之徒,仲尼獨贊顏淵爲好學.然回也屢空,糟糠不厭,而卒早夭!天之報施善人其何如哉?盜跖日殺不辜,肝人之肉,暴戾恣睢,聚黨數千人,橫行天下,竟以壽終!是遵何德哉?……余甚惑焉!倘所謂天道,是耶非耶』?見司馬遷史記伯夷列傳.

地獄天堂.顏回雖夭於此生,但可責報於來生;盜跖雖壽於今世,但必受禍於來世.大仁大勇者,斷頭流血是有形的身體,享受福祉者是無形的靈魂.『你要在暗中行善,上帝在暗中察看,必會報答你』.㊉明哲如康德(Immanuel Kant),亦尙因着『德與福必宜一致』底企求,而立『神之存在』與『靈魂不滅』底假定 (Postulate).然而倫理學不是宗教,道德並不要託庇宗教做靠山.蘇格拉底之甘飮毒汁,與其謂由於宗教的信仰,毋寧謂出於道德的修養.他認服從法律爲道德,違犯法律爲不德,爲德而死,死亦可樂.㊉所以德是直接自足,本身卽是最後目的,本身卽是最高幸福,而不是福底階梯或福

㊉見新約聖經馬太傳六章四節.

㊉見 Plato's Dialogues, Phaedrus. 孔子亦有『朝聞道,夕死可矣』之語.此言當發於孔子晚年,與他自白『七十而從心所欲,不踰矩』一致.

的工具.有德之人即以行德爲最大滿足.所謂爲德而德,非有他求.

53. 希臘四德——節制 古代希臘當蘇格拉底出生的時候,思潮趨向人生理想及道德底研究,史家稱爲人事時期(Anthropological period). 當時公認人生應有四大德目:(1)節制(2)勇敢(3)智慧(4)公正.茲請逐項論次如下:

節制(Temperance)一字本就飲食而言,但此處則推廣用之於一切情欲上.食欲是人生最原始的,基本的情欲.聖經第一篇(創世記)所載亞當夏娃偷食禁果,被上帝趕出樂園一事,雖是想像的神話,卻含有極深刻的意義.人生首先在節制上失敗,所以淪落於苦海.換言之,人若沒有節制的德,就被剝奪了爲人的資格而下降爲禽獸.禽獸完全依着自然衝動而動作的,要食就食,要飲就飲,能食多少飲多少就食多少飲多少,決不會自己囑咐自己:『我今朝肚痛下痢,現在少吃點吧』!人之所以抬頭,便在這一點——人力控制自然.我們一餓起上來,自然衝動指揮我們狂啖暴食,虎咽狼吞;但人格意志力出來,控抑着這自然衝動,吩咐說:『愈在飢餓的時候,愈當細嚼緩咽,愈在肚子空空的時候,愈當留點餘地』.這就是節制之德.食欲上的節制如此,推而至於一切情欲上的節制亦莫不如此.但節制決不是禁欲主義(Asceticism).『欲』不是人格的仇敵,且反是人格的原料.㉓節制,是情欲底中和而不是情欲底壓迫.節食非絕食,乃是食得其宜.節欲非絕欲,乃是欲之適當.所謂『宜』,所謂『適當』,卽亞里士多德的中道(The doctrine of mean).『中者,無過無不及之謂』.如在金錢使用上,放縱浪費爲太過,吝嗇占私爲不及,慷慨(Liberality)是其中道.

㉓參考本書五十節及拙著人生哲學第八十段.

這就是對於金錢上的節制.如在處人接物上,粗暴爲太過,怕懼爲不及,而『溫良恭儉讓』（論語學而篇）是其中道.這就是對於處人接物底節制.⑭凡具節制的美德,對於自然衝動已訓練馴熟,由黑馬化爲良馬（參照前章四十六段),一切動作,無不咸宜,所謂『發而皆中節』.孔子晚年的『從心所欲,不踰矩』（同上爲政篇）卽表示此種品德修養圓成時的人格.

54. **希臘四德——勇敢**　相傳蘇格拉底曾在沙場中萬死一生救出了他的朋友,這種救友出險,奮不顧身底美德,我們叫它做『勇敢』.蘇格拉底後來受雅典政府的誣判,蒙褻瀆神明,誘惑青年底惡名,仰毒汁以伏法.當時他弟子們勸他逃獄,留此身於世,作更多的貢獻.獄卒也知這是寃枉,縱使脫逃然而蘇格拉底臨難不苟,從容服藥,

⑭參考拙著人生哲學第六十段.

寧甘受誣而死,不願枉法而生:這就是勇德.勇者見義之所在,挺身直赴,冒萬難而不阻,嘗百苦而不撓.它又包含着膽識無畏,忠貞,忍耐,堅持諸德.它需要強健的體質,遠大的眼光,與堅固的意志.單恃鋼鐵的身軀,擁有極精練的武藝,殺人不眨眼底水滸傳的英雄,未必可稱爲有勇德.槍林彈雨,斬將搴旂,百戰沙場,萬夫莫敵底驍將,亦未必可稱爲有勇德.德不是技藝(Technique),乃是善(Good),所以義戰方足稱勇,私鬬直是惡而已.勇既是善不是技,故軍人未必皆勇,而弱女子未必皆無勇.胡適的母親,大勇之至![十五]西洋文藝復興期幾多科學家,爲擁護地動

[十五]參考胡適:九年的家鄉教育一文(新月三卷三期).胡氏很誠摯地宣言道:『我母親二十三歲便做了寡婦,從此以後,又過了二十三年.這二十三年的生活眞是十分苦痛的生活,只因爲還有我這一點骨血,她含辛茹苦,把全副希望寄託在我的渺茫不可知的將來.這一點希望居然使她掙扎着活了二十三年』!

說,日中心說,而被殺被焚,這些都是勇的表現.㊄手無縛雞之力底書生,儘可以具偉大的勇德.故『勇』在西文曰 Courage (勇敢),而非 Bravity (勇武).勇敢者,敢爲其所當爲,敢言其所當言,不顧世俗的毀譽,權威的高壓,與身家性命的危險.所以孔子說:『勇者不懼』(論語子罕篇) 孟子更是個對勇深有心得的人:他和齊宣王辨別小勇與大勇,㊆又和公孫丑評騭北宮黝孟施舍與曾子等『養勇』之方.㊇他自己理想中的勇是:

『居天下之廣居,立天下之正位,行天下之大道;得志,與民由之;不得志,獨行其道.富貴不能淫,貧賤不能移,威武不能屈:

㊄參考羅志希譯 J. B. Bury 的思想自由史(民十六,商務)第四章頁一百以下.所謂『書雖可焚,地還是動』!成爲千古傳誦的名言.

㊆見孟子梁惠王下.

㊇同書公孫丑上.

此之謂大丈夫.㊹』

這種堅忍不拔志氣剛強的勇德,若表現在愛國上,便決無『五分鐘』的譏誚.若表現在求學上,便決無膚淺,浮薄的弊病.若表現在革命上,便決無妥協,不澈底,腐化的怪現象.若表現在一般處世立身的態度上,便決無頹唐,消退,以致陷入自殺的絕淵.對於老舊衰痺的民族,非大打一針『勇』的強液不可.

55. 希臘四德——智慧 上面已屢次講過,『知』道未必『行,』道;有道德知識的人未必皆是有德者.然智慧實爲一切德行的指南針.佛家有名的八聖道㊺即列『正見』爲第一.在人生的旅程中,凡愈有遠見者便愈不致誤入歧途.他因瞭然於事

㊹同書滕文公下.

㊺八聖道者,正見,正思,正語,正業,正命,正精進,正念,正定.

之正當,灼然於物之眞際,故不難處置得法『有攸往,無不利』.反之,是非莫辨,判斷錯誤,識見短缺,錮蔽自封,其道德行爲也就可知了.我國道家以崇尙自然之故,曾警告我們:『智慧出,有大僞』,『絕聖棄智,民利百倍,……絕巧棄智,盜賊無有』,『常使民無知無欲』.㊹然我們所謂智慧,決不是『滑頭』,巧詐,像世故老練人情透熟一類人那種機敏,圓到,明哲保身.㊺這些自然應在打

㊹具見老子道德經三,十八,十九等章.

㊺如德哲黑智爾(G. W. F. Hegel 1770—1831)在青年時所屢加嘲笑的當年啓蒙時代最流行的那種處世格言書——J. Heinrich Campe: Theophoron (1783第一版,1786二版,1790三版).此書爲一風燭餘生之老翁對其將投身社會之愛兒之訓言,內含三章.第一章爲實踐生活之一般規則第二章爲處世交際之道,第三章係譯英國名大夫(hasterford戒子訓.內容多爲消極的保身藏拙之謀,非適宜於英氣勃勃,純眞洋溢之靑年.故亦爲當時黑智爾所不喜.見Noel: Hegels theologische Jugendschriften, S. 12, 及Rosenkranz: Hegels Leben, S. 463.

倒之列.眞智慧只是像蘇格拉底所自白的『我祇知一事——就是我之一無所知』(I know only one thing and that is that I do not know anything),故惟(1)虛心與(2)不斷的追求眞理,乃是知德.前者叫我們不要侈然自足,後者叫我們不要廢然自餒.培根(Francis Bacon)所慨世人無知——(1)所有實少而自以爲多,(2)儲能實大而自以爲小,㊂亦卽對此而發.我國歷代儒家無不承認智慧爲修養之要道.編論語的人,特特將『學而時習之』揭爲孔子第一句話.學庸兩書對這條德目更有深刻的討論.在大學裏所謂『格物』,在中庸裏所謂『誠』.據大學作者的意思,修身齊家治國平天下的大道德,完全立基於『格物』之上.㊃不用說,格物就是求眞,

---

㊂見 Bacon: The Great Instauration, p. 25.

㊃『物有本末,事有終始,知所先後,則近道矣.古之欲明明德於天下者,先治其國;欲治其國者,先齊其家;

今日格一件,明日格一件,正合於大學所昭示的『苟日新,日日新,又日新』.『誠』則有兩個意思;一是虛心求益,一是坦白眞誠.前者不自滿,㉕後者不自欺.㉖兩者雖似殊

欲齊其家者,先修其身;欲修其身者,先正其心;欲正其心者,先誠其意;欲誠其意者,先致其知;致知在格物.物格而後知致,知致而後意誠,意誠而後心正,心正而後身修,身修而後家齊,家齊而後國治,國治而後天下平』.見大學首章.

㉕『誠之者,擇善而固執之者也——博學之,審問之,愼思之,明辨之,篤行之.有所學,學之勿能,勿措也;有所問,問之勿知,勿措也;有所思,思之勿得,勿措也;有所辨,辨之勿明,勿措也;有所行,行之勿篤勿措也』.見中庸第二十章.『故至誠無息;不息則久;久則徵;徵則悠遠,悠遠則博厚,博厚則高明』,同書二十四章.又宋儒張橫渠說:『太虛,心之實也.虛心,然後能盡心』,見其作理窟.

㉖『所謂誠其意者,毋自欺也.……小人閑居爲不善,無所不至,見君子而後厭然,揜其不善而著其善.人之視己,如見其肺肝然,則何益矣.……曾子曰:十目所視,十手所指,其嚴乎』!見大學六章.後來宋儒程明道的修養工夫最得力於這『誠』字.他說:『故君子之

途,仍皆以求眞爲歸宿.不自滿是客觀的求眞,不自欺是主觀的求眞.㊼總而言之,求眞理,愛眞理,忠於眞理,是今日我們最應養成的一種品德.

56. 希臘四德——公正 照亞里士多德的意思,㊽公正(Justice)有兩種性質:一是合法(法律的),一是公平(情理的).㊾不過前一問題較易分辨:守法便是公正,不守法便是不公正.後一問題則較麻煩.

學,無若廓然大公,物來順應』.

㊼林礪儒在他倫理學要領上亦分智慧爲形式的與實質的兩方面(第一六二頁),與本書見解相合.形式就主觀言,實質就客觀言.

㊽參考 Aristotle: The Nichomachean Ethics(Welldon 英譯本) Book V, Chap. 5.

㊾孫貴定編倫理學(民十二,商務)第二十五頁上載:『公平一個名詞,……大概言之,便是:一絲一介不與他人,也不取之於他人.不論何物,分派起來,照每人份內幾何,絲毫不增不減』.上一句可以說卽是法律的;下一句卽是情理的

怎樣纔是公平?找不到固定的準則.『君乘車,我戴笠』,算得公平麽?你住高大洋房,『食前方丈,姬妾數百人』,我住貧民窟,粗食敝衣,算得公平麽?我國儒家曾用『正名』來解決這個問題.以『名』之所在,定『分』之所應得.譬如古代的食邑吧:天子之國方千里,天子是『名』,千里是『分』.公侯田方百里,公侯是『名』,百里是『分』.伯七十里,子男五十里,伯子男是『名』,七十里五十里是『分』.㊂譬如薪俸吧:你因爲是大學教員的名分,所以應得二百元,我因爲是中學教員的名分,所以應得一百元,他因爲是小學教員的名分.所以應得五十元等等.不過現代人事繁劇,『名』那裏定得許多?亞里士多德認爲可用適當的比例(άναλόγου τι)判定利益的分配.比例不相稱,即不是公正.㊂這表明公正是相對性的,因

㊂參考禮記王制篇.

地制宜的,因人而殊的.像子路那樣性情急進的人,遇事應當格外審愼躊躇;像冉有那樣性情滯緩的人,遇事應當立時決斷.㊂在平常人,粗莽是不德,但在懦夫則毋寧粗莽些好.在平常人,怯懦是不德,但在鹵暴躁進者則毋寧怯懦些好.這是個人性向上的公正.我們對於長上,不可不有禮貌,但決不可諂媚.對於下級,不可太嚴,但也不可太寬縱.對於賓客,不可太拘束,但也不可太放蕩.其間輕重分寸,要當準酌而行.這是對人態度上的公正.一取一予得其宜,盡忠職權而不

㊁見Welldon英譯的Aristotle: Nichomachean Ethics, Book Y. Chap. 6(1923改正本p. 134).

㊂『子路問:「聞斯行諸」?子曰:「有父兄在,如之何其聞斯行之」?冉有問:「聞斯行諸」?子曰:「聞斯行之」.公西華曰:「由(即子路)也問聞斯行諸,子曰有父兄在;求(即冉有)也問聞斯行諸,子曰聞斯行之.赤也惑,敢問」.子曰:「求也退,故進之;由也兼人,故退之」』.見論語先進篇.

濫用;這是社會上的公正.扶助弱小民族,抗遏強權帝國主義:這是國際上的公正.所以公正的範圍甚廣,可稱爲諸德之德.柏拉圖亦認四德中之公正包含其他三德,其式如下:

公正 ⎧ 節制
　　 ⎨ 勇敢
　　 ⎩ 智慧

飲食享用,適宜而止,這是公正關合乎節制.臨難不苟,舍生取義:這是公正關合乎勇敢.平等觀督,不蔽不偏;這是公正關合乎智慧.這樣,公正實爲一切德行的總樞紐(希臘古代的格言"Justice is the Summary of all Virtue").

57　自由與責任　西洋的實踐倫理,在古代有四元德,近代則有三大原理——卽自由(Liberty),平等(Equality),博愛(Fraternity).自由是道德行爲底唯一基礎;對無自由的人,未便下道德判斷.中古時,教權擅作威福;人民的自由剝奪殆盡.信仰不自由（非信教會不可),言論不自由（非依據教義及聖經不可),遂激出所謂爭回人權運動.自由既是人權之一.㊂權利的裏面必隱有義務,自由的裏面亦卽隱有責任.不負責任的自由卽羅蘭夫人所謂:『自由自由,天下許多罪惡假汝之名以行』!據格林（T. H. Green)的意思,自由實不外乎自因.㊃種下怎樣的因,必結出怎樣的果.若做惡行爲,必有惡結局.不負責任者乃指,種了惡因卻想不任惡果那種滑稽.槍斃了徒手民衆而私自逃走的警吏便是此例.須知他在立意開槍狙擊之時,他卽已負了開槍殺人的責任,因果鐵鎖,無可諉逃.還有那種意志薄弱的青年,一面在城市中的學校讀書和女學

㊂參考新月書店的人權論文集（民二十).

㊃見其倫理學綱要（Prolegomena to Ethics).

生自由戀愛,以爲非此不足稱爲『摩登』,同時又在鄉下和他父母所代定的女子結婚,卻諉爲『父母之命,媒妁之言』. 其實他兩方面都不想負責任,都濫用了自由.濫用自由,是自由的太過;又有一類人簡直不用自由,那是自由的不及.例如大家族中成年子女,依賴性成,完全卸責任於家長,放棄自主權.這當然亦屬不德.斯多亞派 (Stoics) 的理想人——賢者 (The sage),其最大品格卽是『王者』(Kingship).所謂王者資格,不妨就借孫中山所說:中國四萬萬人,應人人都是皇帝,纔是眞正德謨克拉西.㊿意思是:人人能完全自主,不作任何人的奴隸.這是自由的眞詮.我雖是王靜波的兒子,但同時更要記得我是王小波自己.我雖是郝爾茂的妻室,但同時更要記得我是娜拉本人:㊶我應當堂堂地做個『人』——頂天立

㊿見三民主義中的民權主義第一講末段.

地的人獨立自主的人.一切社會關係,制度,傳說,教條,聖訓,都得我衷心加以簽字,方纔對我有效.我們雖不必學尼采（F. Nietzsche 1844-1900）那樣狂醉於權力 (The will to power),卻不可不有他那種『要做生活的主人,不要做生活的奴隸』的大膽宣誓.㊲至於國民的自由——無論這國家的政體是民治或黨治甚或君主——除受公認的法律限制外,爲論在言論上或行爲上必須暢快發洩不被抑阻.這是個人向上及文化開展的必要基礎.個人的自由非到了侵犯社會治安,國家決不應去禁壓他:㊱提高了人的自由,無異提高了人的責任,亦即無異提

㊱參考胡適:中國哲學史大綱卷上（商務）『孝』一段,（p. 126—131）又新青年四卷六號易卜生專號.

㊲Eng. trans. "Thus Spake Zarathustra" 尼采罵基督教倫理爲奴隸道德;在他看來,中國宗法社會的倫理當然也是奴隸道德無疑.

高了人的道德程度.

58. 平等——實質的與形式的 一七七六年七月四日所露布的那篇千古不朽的北美合衆國獨立宣言,劈頭第一句便大呼『人皆生而平等』(All men are created equal),有許多人——尤其是遺傳學者批評這話離開事實太遠.『人何嘗生而平等呢』? 你的祖宗,父母,家庭,環境,……和我的大不相同.眞的,人們降生在世好比一樹花隨風四墜,有的飄在茵席之上,便成公子王孫,有的落在糞溷之中,便成乞兒窶賤.㊂㊈孟子說:『物之不齊,物之情也:或相倍蓰,或相什伯,或相千萬』(滕文公上).人之不齊,比物更甚.『農之子恆爲農,工之子恆爲工』.

㊂㊇參考 J. S. Mill: On Liberty, 嚴復譯:羣己權界論(商務);何子恆:穆勒論思想自由及言論自由(現代學術雜誌創刊號).

㊂㊈范縝答竟陵王語.見梁書卷四十八.

在封建社會內,階級世承,固不待說.近代資本制度之下,貧富等差亦無慮幾千百級.由社會上經濟上的不平等更演爲國際上的不平等.資本帝國主義爲刀俎,弱小民族爲魚肉.這確是一個極不平等的世界!

平等含有兩義:一是形式的,一是實質的.前者如政治上的普通選舉,教育上的機會均等,經濟上的公平分配,以至國際上的平等條約.這都是近百年來人類革命流血以爭得的若干成績.當然這個平等運動到現在還沒有完全成功,仍須繼續革命,以求實現.其二是實質的平等,即所謂『四萬萬人一律皆是皇帝』.雖然你有錢我窮,你作總司令我種田,而我倆在自動自主發揮人格能力上則絕對平等.你如果無忝你總司令的職務,我如果盡了我種田的能力,我倆在道德上便絕對平等.有錢者,體質強者,高位者,比較那些窮者,弱者,負販者,其所得的機會愈大,卽其所負的責任愈重,卽其無虧於道德人格亦愈難.你若是個軍人,有武器,應當抗敵十人;我是平民徒手,只抗敵一人亦就盡了我的『應當』了.故實質的平等乃視各個人的能力,資質,地位而定;表面上確有無量差別—— 且正惟有這種表面的差別,纔可說有實質的平等.如果連表面上也一律平等,那便成爲劃一,呆板的僵局,成爲一個魔術世界,而不是人類社會,那還有道德可言嗎?所以,所謂男女平等,亦决不是一切女子易釵而弁,一切男子生育小孩.男女各盡其能,各稱其職,分工合作,以促進家庭及社會的幸福,這就是平等了.差別之中有平等.平等决不是劃一 (Uniform). 我們不妨借說:實質的平等是『各盡所能』;形式的平等是『各取所需』.

59. 博愛或仁德 自由與平等着重於『立已』『達已』底修養工夫;博愛則

着重於『立人』『達人』.㊃ 所以孔子所主張的『仁』,大似今語的博愛.韓愈,早一句道破:『博愛之謂仁』(見其原道一文).博愛有消極積極兩方面:前者爲不侵害別人的權利,尊重對方的自由,寬恕可以原諒的罪過,與『己所不欲,勿施於人』等類.後者如:忠爲人謀,愛人以德,爲公衆社會的幸福盡心力以赴之,『視天下之飢如己飢,視天下之溺如己溺』,『摩頂放踵以利天下』,及疏解人類鬬爭,倡導世界和平等類.德哲杜鈴(Eugen Dühring 1833－1291)認道德的極致是普遍的愛(Universelle affekt),而其基礎則繫於同情的本能.㊄ 同情心是否

㊃『夫仁者,己欲立而立人,己欲達而達人』,見論語雍也篇.不過孔子的仁,從親子的天倫出發,所謂親親而仁民,仁民而愛物.西洋近代的『博愛』則遠溯基督教『上帝天父,人類弟兄』的信仰.

㊄參考 Höffding: History of Modern Philosophy 英譯本 Vol. II. p. 杜鈴的倫理觀頗與叔本華(Schopenhauer)

人類先天固有,與生俱來,如一般良知論者所想像,這是另一問題.現在我們所需要的是同情心的培養與擴充.我們如果在處人接物的俄頃,假定站在對方的地位上一爲設想,便能立刻變換一個新社會.墨子說:『視人之室若其室,誰竊?視人之身若其身,誰賊?視人之家若其家,誰亂?視人之國若其國,誰攻』?㊃世界上一切仇恨,爭奪,軋轢,戰亂,都由於不能『設身處地』.如日本人能『視』中國『若』日本,何致有九一八遼寧的暴舉?如大老能『視』工役的子女『若』自己的子女,何致榨取他們的剩餘價值而還要虐待他們壓迫他們?向來抱非戰主義且屢爲中國抱不平的羅素(B. Russell),認爲人類社會底唯一希望在於盡力擴展其

相同.但叔則深受印度系統我佛慈悲的影響,杜則承進化論互助論之思潮而具社會主義的色彩也.

㊃見墨子兼愛上.

創造衝動(Creative impulses)而化除占有衝動(Possessive impulses).㊃所謂創造衝動,即同情心,即博愛;占有衝動即利己心,即自私.羅素的見解與孔子所界說的『克己復禮爲仁』(論語顏淵篇)㊄亦頗相合.孔子曾教其弟子們『汎愛衆,而親仁』(學而篇);後來王陽明更以萬物一體擴釋仁德.他說:

『大人者以天地萬物爲一體者也,其視天下猶一家,中國猶一人焉.……大人之能以天地萬物爲一體者,非意之也;其心之仁本若是其與天地萬物而爲一體也』.

『……見孺子入井而必有怵惕惻隱

㊃見其Political Ideals,程振基譯(商務,民十三年三版本)頁四.

㊄此處的『禮』字是指條理天理自然的秩序,並非儀文的禮.

之心焉,是其仁之與孺子而爲一體也;見鳥獸之哀鳴觳觫而必有不忍之心焉,是其仁之與鳥獸而爲一體也;見草木之摧折而必有憫恤之心焉,是其仁之與草木而爲一體也;見瓦石之毁壞而必有顧恤之心焉,是其仁之與瓦石而爲一體也.親吾之父以及人之父,以及天下人之父,而後吾之仁實與天下人之父而爲一體矣;親吾之兄以及人之兄,以及天下人之兄,而後吾之仁實與天下人之兄而爲一體矣.……君臣也,夫婦也,朋友也,以至於山川,鬼神,草木,禽獸也,莫不實有以親之,以達吾一體之仁,然後吾之明德始無不明,而眞能以天地萬物爲一體矣』.(四三)

這就是杜鈴所謂 Universelle affekt 是博愛的極致,亦即是實踐道德的最高峯了.

(四三)兩引具見王陽明大學問.

結　論

60. 道德與人生　古希臘有四德,近代有三德,我國則素傳仁,義,二德.『仁』从二从人,讀如『人』.『義』从羊（卽善）从我,古亦讀如『我』.仁首貴克己,當於希臘之節制,『仁者必有勇』（論語）,故包含着希臘的勇敢.義者宜也,正義也,故恰與希臘的公正相合.義亦理也,意義（Meaning）底追求卽不外乎希臘的智慧.又,仁是博愛,已如上述.義是自立自尊,故亦是自由.然惟尊重對方,纔能自尊,故義亦具有平等待人之意.仁原是愛人如己,一視同仁,則仁亦含有平等的意味在內.所以平等兼跨仁義兩方面,如下圖所示.『彼丈夫也,我丈夫也,吾何畏彼哉』?（孟子滕文公上）．是平等,亦是勇敢.以純客觀的科學精神處事接物,是平等,亦是智慧.這樣看來,地無東西,代無今古,基本道德初無二致.舊道德原可打倒,新道德原應提倡.但須知新陳代謝的道德是因時制宜的實際道德（Positive morality）而非根本不變的道德概念.例如忠君的道德是封建社會下必然產出的實際道德,但忠誠的根本道德則歷千古而不變.例如愛國的道德是近代國家主義狂潮下必然產生的實際道德,但仁愛的根本道德則歷萬世而無疆.實際道德是特種環境特種時期的應用品,東西洋環境不同,自必產生不同的實際道德;但既是同一人類,其基本的道德概念不能不『若合符節』.因爲道德底最初根柢必源於人類的本能.它必是適合人生的,而不許『反人生的』.人生底本相是什麼?不外乎⑴生存⑵生殖兩端.㊀生存是自保自愛生殖是傳種愛羣.由自愛進演爲自尊,自由,與自我本位的『義』(本讀如我).由愛羣進演爲克己,博愛,與利人本位的『仁』.其後一切德目皆從這『仁』『義』兩元德化衍出來.㊁所以道德固是人爲的文化,卻並非違反天然或戕賊天然,只是潤飾(或化造)天然而已.人生的天性——生存與生殖二事,無所謂道德的或不

㊀參考拙著人生哲學(世界)三十九,四十兩段.

㊁基督教倫理亦從這兩點出發.耶穌給他周圍的人們兩條誡命:一是『你們應該愛你們的主上帝』,二是『愛人如己』(見新約馬太福音二二之三十九,舊約利未記十九之十八).美人辛克萊(U. Sinclair)解釋第一條說:『近代的思想已經確定我們最能接近上帝的地方,就在我們自己神異地開展着的意識裏.故我們對於上帝的義務就是把我們自己造成一種神聖成身(Divine incarnation)的最完美的產物底義務』.見其人生鑑(The Book of Life).譯文依照傅東華譯本(民二十,世界).這樣,第一條結局是『自尊』,是『義』;第二條不用說是『仁』.

㊂告子語.見孟子告子篇.

道德的,好似清水一杯.道德好比糖或鹽或苦汁,放入清水之中,成爲甘或苦或鹹;加味復加味,熏習復熏習,遂陶成或則爲善人,或則爲惡人.道德教育所負的重大使命在此.

教育者切不可認爲『善』與『本性』對立,『天理』與『人欲』對立,(如宋儒的見解),『道德』與『生活』對立,因而誤將清水完全倒去,另行製造糖漿.瑜伽派(Yoga)及極端禁欲主義便陷於這種錯謬.『君子謀道不謀食』底話是不足爲訓的.『以人性爲仁義,猶以杞柳爲桮棬』.[三]桮棬是亞里士多德的法式(Form).杞柳是亞里士多德的素材(Matter).[四]去杞柳更無由成桮棬,去食(生存)更無由成道.桮棬是杞柳底化造,道是食底化造.道德即在飲食男女之中;去飲食男女,更不見有所謂

[四]參考拙著人生哲學,頁一八九,一九〇.

[五]見其孟子字義疏證.

道德.戴東原說得好:『就人倫日用而語於仁,語於禮義;舍人倫日用無所謂仁,所謂義,所謂禮也』.㊄ 這樣,我們可將人生與道德底關係列爲下圖,以當結論:

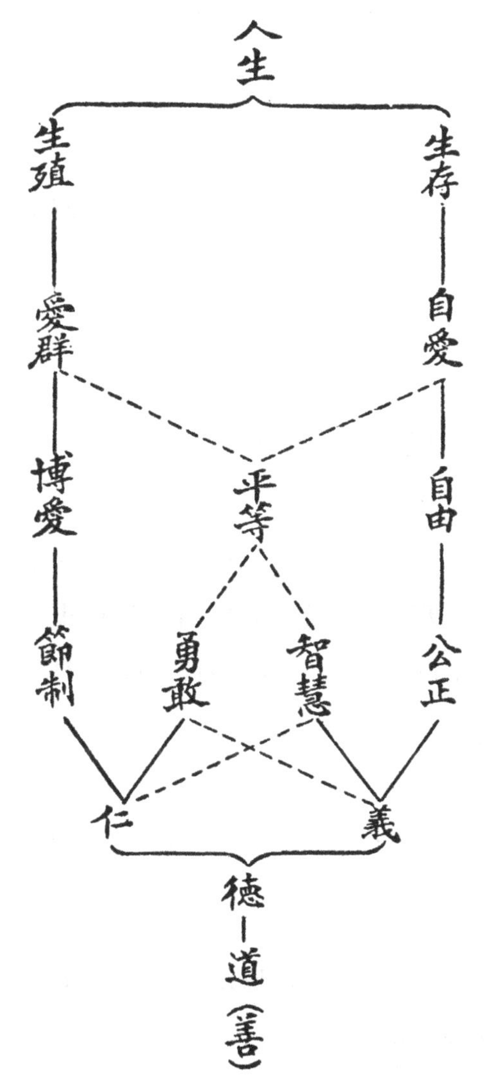

參考書目

(A) 一般的

蔡元培譯 (F. Paulsen): 倫理學原理（宣統元,商務）★

朱進譯 (F. Thilly): 倫理學導言（民十,商務.原文爲 Introduction to Ethics, 1900, Scribner）

孫貴定:倫理學（民十二,商務）

周谷城:實驗主義倫理學（民十二,商務）

林礪儒:倫理學要領（民十三,北平文化學社）

江恆源:倫理學概論（民十五,大東）

Dewey and Tufts: Ethics (1908, Henry Holt)

T. de Laguna: Introduction to the Science of Ethics (1914, Macmillan)

W. K. Wright: General Introduction To Ethics (1929, Mac millian)

★此書有英譯本 Paulsen: System of Ethics, tr. by F. Thilly (1899, Scribner).

F. C. Sharp: Ethics （1928, Century）

H. W. Dresser: Ethics in Theory and Application（1925,T. Y. Crowell）

W. G. Everett: Moral Values（1918, Holt）

Aristotle: Nichomachean Ethics（有 Welldon 及 Williams 兩種英譯本,前者較優, Macmillan 發行）

（B）關於人生觀

張東蓀:人生觀ABC（民十七,世界）

謝扶雅:人生哲學（民二十,世界）

馮友蘭:人生哲學（民十五,商務）

舒新城:人生哲學（民十三,中華）

李石岑:人生哲學（民十五,商務）

杜亞泉:人生哲學（民十八,商務）

謝頌羔:人生哲學的研究（民十六,廣學會）

張墨池:人生哲學（1924,協社）

科學與人生觀（民十二,亞東）

人生觀之論戰（民十二,泰東）

何道生譯（B. Russell）:我的信仰（民十五,商務）

傅東華譯（Sinclair）:人生鑑（民十八,世界）

（C）關於中國倫理

蔡元培:中國倫理學史（宣統二,商務）

梁啓超:先秦政治思想史（民十二,商務）

張杜合譯（三浦藤作）：中國倫理學史（民十五，商務）

謝扶雅：中國倫理思想（民十八，世界）

江恆源：中國先哲人性論（民十五，商務）

劉侃元譯（渡邊秀方）：中國哲學史概論（民十五，商務）

（D） 關於西洋倫理

Clark and Smith: Readings in Ethics (1931, F. S. Crofts)

B. Rand: The Classical Moralists (1909, Hanghton, Mifflin)

H. Sidgwick: Outline of History of Ethics for English Readers (1896, Macmillan)

H. Sidgwick: The Methods of Ethics (1901, Macmillan)

R. A. P. Rogers: Morals in Review (1927, Macmillan)

W. E. H. Lecky: History of European Morals, 2 Vols. (1911, Watts)

J. Martineau: Types of Ethical Theory

張東蓀：道德哲學（民二十，中華）

謝晉青譯（三浦藤作）：西洋倫理學史（民十四，商務）

潘大道譯（藤井健次郎）：近代倫理思想小史（民十七，商務）

賈豐臻：西洋倫理學小史（民十五，商務）

西洋倫理主義述評（商務,東方文庫第三十五種）

（E）關於道德意識

Adam Smith: Theory of Moral Sentiment (1910, Macmillan)

A. Sutherland: The Origin and Growth of the Moral Instinct (1898, Longmans)

E. A. Westermark: The Origin and Development of Moral Ideas (1917, Macmillan)

J. A. Hadfield: Psychology and Morals (1923, McBride)

（F）關於品行

W. McDougall: Character and Conduct of Life (1927, Muthan)

D. Drake: Problem of Conduct (1914, Houghton)

J. Dewey: Human Nature and Conduct (1922, Holt)

T. A. Hyde: How to Study Character (1910, Fowler)

S. Smiles: Character (1902, Harper;中華有譯本)

（G）關於修養

C. Baudouin and A. Lestchinsky: The Inner Discipline, Eng. tr. by Eden and C. Paul (1924, Holt)

W. de Hyde: Self-measurement (1908, B. W. Huebsch)

W. de Hyde: Five Great Philosophies of Life (1911, Macmillan)

R. C. Cabot: What Men Live By? (1914, Houghton, Mifflin)

S. Smiles: Duty（1910, Harper, 中華有譯本）

葉農生譯:克己論（民四,中華）

謝扶雅:人格教育論（民十七,青年協會書局）

趙紫宸:耶穌的人生哲學（民十五,基督教文社）

H. Rashdall: Conscience and Christ（1918, Dukworth）

(H) 關於應用道德

W. McDougall: Ethics and Some Modern World Problems（1924, Putman,s Son）

E. S. Rogers: Good Will, Trademarks and Unfair Trading（1914, A. W. Shaw）

R. B. Perry: The Moral Economy（1909, Scribner）

G. S. Hall, etc.: Moral Life（1911, Educational Society）

崔載陽譯（Durkein）:道德教育論（民十九,民智）

W. Lippmann: Preface to Politics（1913, Holt）

B. Russell: Marriage and Morals（1929, Liveright 此書有野廬譯本『婚姻革命』, 世界學會發行）

(I) 關於善的理論

H. Rashdall: Theory of Good and Evil（1906, Oxford）

G. H. Palmer: The Nature of Goodness（1903, Houghton Mifflin）

A. K. Rogers: The Theory of Ethics（1922, Macmillan）

(J) 關於理想主義傾向者

T. K. Abbott: Kant's Theory of Ethics (6th Ed. 1927, Longmans)

T. H. Green: Prolegomena to Ethics (1924, Oxford)

W. Wundt: Ethics, 3Vols, Eng. tr. by J. H. Gulliver, etc. (Macmillan)

G. E. Moore: Principia Ethica (1907, Cambridge)

G. E. Moore: Ethics (1912, Holt)

Mary Calkins: The Good Man and the Good (1918, Macmillian)

(K) 關於自然主義傾向者

J. Bentham: Introduction to the Principles of Morals and Legislation (1910, Oxford)

J. S. Mill: Utilitarianism (1910, Dutton)

H. Spencer: Principles of Ethics, 2Vols. (1904, Williams and Norgate)

T. Huxley: Evolution and Ethics (1902, Appleton)

L. T. Hobhouse: Morals in Evolution (1921, Holt)

L. Stephen: The Science of Ethics (1907, Putman)